基礎から学べる
論理回路 第2版

速水治夫 著

森北出版株式会社

●本書の補足情報・正誤表を公開する場合があります．当社 Web サイト（下記）で本書を検索し，書籍ページをご確認ください．

https://www.morikita.co.jp/

●本書の内容に関するご質問は下記のメールアドレスまでお願いします．なお，電話でのご質問には応じかねますので，あらかじめご了承ください．

editor@morikita.co.jp

●本書により得られた情報の使用から生じるいかなる損害についても，当社および本書の著者は責任を負わないものとします．

|JCOPY|〈(一社)出版者著作権管理機構 委託出版物〉
本書の無断複製は，著作権法上での例外を除き禁じられています．複製される場合は，そのつど事前に上記機構（電話 03-5244-5088, FAX 03-5244-5089, e-mail: info@jcopy.or.jp）の許諾を得てください．

第2版のまえがき

　本書の初版を発行してから12年が経過し，この間，多くの大学，高等専門学校などでご採用を頂き，刷りを重ねることができた．情報分野の多くの学生の基礎科目としての論理回路の重要性に鑑み，できる限り平易な記述に努めたことにご理解いただけたと感謝している．

　発行後も，印刷の刷りを上げるたびに誤記の訂正や可能な範囲での説明の小規模な修正を行ってきたが，本教科書を使用した講義を続ける中で，大幅な修正を行うことによりさらにわかりやすくなると感じていたところ，出版社からの計らいもあり，改版をすることとした．

　今回の改訂では，学生がわかりづらいと思われる点を中心に修正した．とくに，タイミングチャートにおいて波形の変化を時間の経過に従って解説した図などを追加した．これらは講義での補足資料として使用しており，学生の理解の助けになることを確認している．また，旧版では論理変数の記号がまちまちであったが，改版では情報処理技術者試験で使用されている記号に統一した．

　初版共著者の赤堀寛先生は退職されて久しく，その後の講義では上記の補足資料を用いて学生の理解を助けてきたこともあり，改版では単著とすることに赤堀先生はご了承くださいました．赤堀先生のご寛容に感謝致します．

2014年9月

著　　者

まえがき

　今やコンピュータはいたるところで使用されている．それは，パソコンやワークステーションといった，いかにもコンピュータです，というもの以外にも，あらゆる機器の中に組み込まれて使用されている．たとえば，自動車などの中に組み込まれているコンピュータの数は数え切れないほどである．

　このため，コンピュータの使い方についての基礎知識は，これからのIT社会で生活していく上での常識であるといえよう．もちろん，コンピュータの使用方法やユーザインタフェースは進歩しており，中身を知らなくても使用できるようになりつつある．しかし，中身を理解しないでコンピュータを使用しているのは，いわば闇夜の中で手探り作業をしているのに等しい．この場合，指定された手順から一歩でも外れてしまうと皆目わからなくなってしまう．やはり，コンピュータの基本的な仕組みやポイントを理解した上で使用することにより，周りが明るくなり柔軟な対処が可能になる．

　本書はコンピュータの基本的な仕組みを理解するための第一歩を踏み出す書である．具体的には，コンピュータ内部での数値の表現や演算から始まり，論理式，ブール代数，さらには組合せ回路，順序回路の構成までをカバーしている．これらの分野は"論理回路"とよばれ，決して目新しいものではないが，最新の"コンピュータアーキテクチャ"を理解するための基礎として必須の内容である．

　本書は，論理回路の勉学に入りやすいこと，食わず嫌いにならないことを目標にしている．そのため，なぜ学ぶかの理由を先に示す，一般解より先に例で説明する，身近な例をアナロジーとして使用する，といったことを心がけて執筆した．また，本書の内容が，実際のコンピュータハードウェアとどのようにかかわっているかについて，できるだけふれるようにして読者の興味を引出すよう心がけた．そして，本文に加えた以下の囲み記事により，一層の理解と発展を期している．

☑チェック　必ず読んでほしい，読むことによって重要なポイントが再確認できる，あるいは別の観点から見直せる．

アドバンス　▶ 興味に応じて読めば，さらに発展する．

将来，コンピュータのハードウェアを設計する技術者を目指す学生はもちろん，C言語やJava言語などによるソフトウェアの開発者を目指す学生にとっても本書の内容は必須の知識である．それだけではなく，情報処理を表面的にではなく本質的に理解するためには，本書でカバーする内容は最低限理解しておく必要があるので，理系の情報関連学科だけでなく，文系の情報関連学科でも使用できると考えている．

　本書に関し，お問合せがある場合は，下記のアドレスにお送りください．
　　　　　hayami@ic.kanagawa-it.ac.jp

　本書によって，コンピュータの中身を理解する糸口をつかんでいただければ幸いである．

　　2002年7月

著　　者

目 次

第1章 数値の表現 — 1
- 1.1 コンピュータと2進数 — 1
- 1.2 数値表現の特徴 — 2
- 1.3 2進数 — 3
- 1.4 8進数 — 6
- 1.5 16進数 — 8
- 1.6 基数変換のポイント — 10
- 1.7 負の数の表現 — 11
- 1.8 固定小数点表現と浮動小数点表現 — 17
- 演習問題1 — 26

第2章 データの表現 — 29
- 2.1 データとコード — 29
- 2.2 コードの決め方 — 30
- 2.3 10進数の表現 — 31
- 2.4 文字の表現 — 32
- 2.5 数値データの入出力における表現 — 33
- 2.6 誤り検出のできるコード — 34
- 2.7 誤り訂正のできるコード — 35
- 演習問題2 — 39

第3章 論理関数 — 42
- 3.1 基本的な論理演算の概念 — 42
- 3.2 論理関数 — 44
- 3.3 基本的な論理ゲート — 46
- 3.4 ブール代数 — 48
- 3.5 標準形 — 51
- 3.6 論理式の図的な解析 — 52
- 3.7 NAND, NOR および XOR — 59
- 3.8 ド・モルガンの定理 — 64
- 3.9 回路形式の変換 — 65

演習問題 3 ——— 69

第 4 章　組合せ論理回路 ——— 73
4.1　入力条件と組合せ論理回路 ——— 73
4.2　真理値表から論理式の誘導 ——— 74
4.3　代表的な組合せ論理回路 ——— 76
演習問題 4 ——— 85

第 5 章　フリップフロップとラッチ ——— 88
5.1　フリップフロップあるいはラッチの原理 ——— 88
5.2　SR ラッチ ——— 89
5.3　D ラッチ ——— 92
5.4　D フリップフロップ ——— 95
5.5　JK フリップフロップ ——— 98
5.6　T フリップフロップ ——— 100
5.7　シフトレジスタ ——— 101
演習問題 5 ——— 103

第 6 章　順序回路 ——— 107
6.1　順序回路の概念 ——— 107
6.2　非同期式 2^n 進カウンタ ——— 108
6.3　同期式 2^n 進カウンタ ——— 111
6.4　N 進カウンタ（2^n 進以外のカウンタ）——— 116
6.5　簡単な順序回路の設計例 ——— 118
演習問題 6 ——— 120

演習問題解答 ——— 125
参考図書 ——— 137
索　引 ——— 139

第1章　数値の表現

ここでは，コンピュータの内部で使用される2進数について学ぶ．2進数は桁数が多くなりがちなので，これを簡潔に表現するために使用される8進数と16進数についても学ぶ．

1.1　コンピュータと2進数

1.1.1　コンピュータの中で2進数が使われる理由

私達は日常10進数を使用しているが，これは人の手の指が10本あるところからきているようだ．では，なぜコンピュータの中では2進数を使用するのであろうか？

コンピュータの内部ではさまざまな物理現象を利用した回路，素子がきわめて多数使用されている．これらの素子の構成を考えてみよう．電流が流れている状態/流れていない状態，電圧が高い状態/低い状態，あるいは磁化方向がN/Sのように，二つの状態だけをとるように構成するほうが，多数の状態をとるように構成するよりも簡単に安定した素子を実現できる．このような素子を2値素子という．2値であれば，素

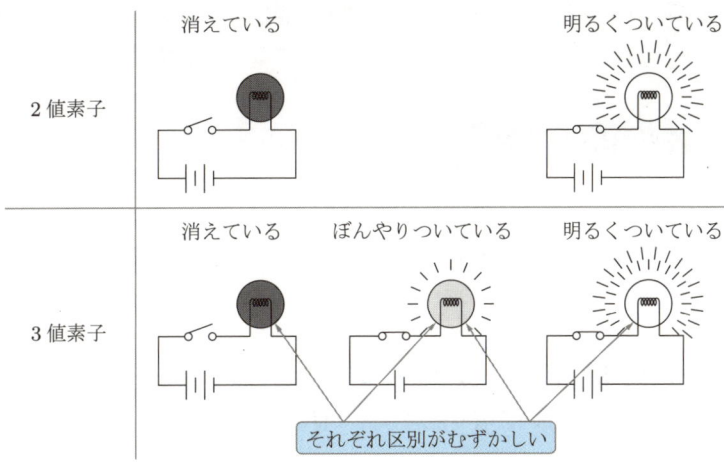

図 1.1　2値素子がよい理由

子間で値を伝達するときに値（状態）が少々ずれたとしても，どちらの値（状態）かは容易に判定がつくので，多数の素子間で値を伝達しながら処理を進めていく構成に適している（図 1.1 参照）．このような理由から，コンピュータではさまざまな 2 値素子が使用されている．

2 値素子を使うとすれば，二つの状態をそれぞれ 0，1 に対応させて，コンピュータの設計に使用する数値の表現形式としては 2 進数が適している．

> **アドバンス** k 桁の r 進数を用いて表現できる数値の数は $n = r^k$ である．逆に，r 進数で $0 \sim n-1$ の数値を表現するには $\log_r n$ 桁必要になる．r 進数 1 桁を記憶するのに r 個の素子を使用するとすると，$0 \sim n-1$ の数値を表現するために，素子は全部で $r \times \log_r n$ 個必要である．n の値にかかわらず，この値が最小となるのは $r = e$（自然対数の底）のときである．$e \fallingdotseq 2.7$ であるので，r は 2 か 3 が望ましい．この観点からも 2 進数はよい選択である．

1.1.2　8 進数と 16 進数を利用する理由

2 進数は桁が多くなり，値の大きさを把握しにくく，間違えやすいため人間にとって扱いにくい．人間にとってもっとも扱いやすいのは 10 進数であるが，10 進数は 2 進数に変換するのが面倒である．一方，8 進数や 16 進数は，$2^3 = 8$，$2^4 = 16$ という関係があるので，2 進数との変換が容易である．また，桁数が多くならないため，2 進数よりも扱いやすい．このため 8 進数や 16 進数が，人間がコンピュータ中の 2 進数を表現するさいの便法として使われる．具体的には，コンピュータのレジスタやメモリ中のデータ（2 進数）を記録したり出力したりするときに使用される．

1.2　数値表現の特徴

日常使われている 10 進数には三つの特徴がある．

❶　$0 \sim 9$ の 10 種類の数字を使用している（だから，10 進数という）．
❷　数えていって 10（数字のなくなる数）になるときに桁上げをする．この 10 を基数という．
❸　同じ数字でも，それがおかれる位置（位あるいは桁とよばれる）によりその値は異なる．この方式は位取り記数法とよばれる．

たとえば，1359 の値は

$$1 \times 10^3 + 3 \times 10^2 + 5 \times 10^1 + 9 \times 10^0$$

で表される．各桁の重みは基数 10 の累乗で表される．

以下で述べる 2 進数，8 進数，16 進数でも，位取り記数法が採用される．

1.3　2 進数

1.3.1　2 進の整数

2 進数（binary number）の表現を，まず整数について説明する．最初は正の数（ゼロを含める）についてのみ説明し，負の数の表現法は後で述べる．

2 進数の正の整数は以下のように表される．

❶　0 と 1 の 2 種類の数字で表す（だから，2 進数という）．10 進数で "10" を，1 文字で表す数字を使わないのと同じように，"2" という数字は使わないことに注意してほしい．

❷　数えていって 2（数字のなくなる数）になるときに桁上げが生じる．すなわち，基数は 2 である．

❸　各位（桁）の重みは 2 の累乗である．

たとえば，4 桁の 2 進数 $a_3a_2a_1a_0$（a_k は 0 または 1）の値は

$$a_3 \times 2^3 + a_2 \times 2^2 + a_1 \times 2^1 + a_0 \times 2^0$$

で表される．

いくつかの具体的数値を，10 進数と対比して表すと以下のようになる．

10 進数	2 進数	2 進数	10 進数	
0	0	1	1	
1	1			＞ 2 倍
2	10	10	2	
3	11			＞ 2 倍
4	100	100	4	
5	101			＞ 2 倍
6	110	1000	8	

2 進数は，2 進数であることを明示するために，たとえば 10_2 のように添字 2 をつける．同様に，8 進数は 10_8，16 進数は 10_{16} と表す．

1.3.2　2 進の小数

小数点以下の桁の重みは，10 進数の場合 $10^{-1}, 10^{-2}, 10^{-3}, \ldots$ となるのと同じように，2 進数の場合は $2^{-1}, 2^{-2}, 2^{-3}, \ldots$ となる．

たとえば，2 進数 $0.a_1a_2a_3$（a_k は 0 または 1）の値は

$$a_1 \times 2^{-1} + a_2 \times 2^{-2} + a_3 \times 2^{-3}$$

で表される．

いくつかの具体的な値を以下に示す．

$$0.1_2 = 2^{-1} = 0.5$$
$$0.01_2 = 2^{-2} = 0.25$$
$$0.001_2 = 2^{-3} = 0.125$$

> 1/2 倍
> 1/2 倍

● 1.3.3　2 進数と 10 進数との変換
（1）　2 進数から 10 進数への変換
2 進数を桁の重みの和で表して計算する．
（a）整数の場合
‖例‖　$1011_2 = 1 \times 2^3 + 0 \times 2^2 + 1 \times 2^1 + 1 \times 2^0 = 11$

（b）小数の場合
‖例‖　$0.101_2 = 1 \times 2^{-1} + 0 \times 2^{-2} + 1 \times 2^{-3} = 0.625$

（c）実数の場合
2 進数の整数部と小数部のそれぞれを 10 進数に変換し，結果を加算する．
‖例‖　$1011.101_2 = 11.625$

例題 1.1　11.011_2 を 10 進数にせよ．

解　$1 \times 2^1 + 1 \times 2^0 + 0 \times 2^{-1} + 1 \times 2^{-2} + 1 \times 2^{-3} = 3.375$

（2）　10 進数から 2 進数への変換
（a）整数の場合
連除法という方法で求められる．これは，変換対象の 10 進数を 2 で割ったときの商

```
2)125      余り
 2) 62 …… 1  （下位）
  2) 31 …… 0
   2) 15 …… 1
    2)  7 …… 1
     2)  3 …… 1
      2)  1 …… 1
          0 …… 1  （上位）
```

図 1.2　2 進数への連除法による計算例

をさらに2で割るという操作を，商が0になるまで繰り返していく方法である．割ったときに順次得られる余りが2進数の各桁の数字となる．たとえば，10進数125は図1.2に示す計算によって次のようになる．

‖例‖　$125 = 1111101_2$

（b）小数の場合

逆に連倍法という方法で求められる．これは；変換対象の10進数の小数を2倍したときの結果の小数部を，さらに2倍にするという操作を繰り返していく．小数部が0になるか，小数点以下の必要な桁が得られるまで繰り返す．2倍したときに順次得られる整数部が2進数の各桁の数字となる．たとえば，10進数0.4375は図1.3に示す計算によって次のようになる．

‖例‖　$0.4375 = 0.0111_2$

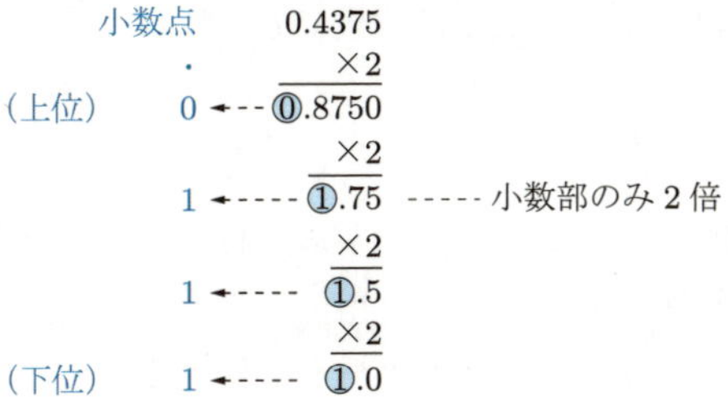

図1.3　2進数への連倍法による計算例

（c）実数の場合

10進数の整数部と小数部のそれぞれを2進数に変換し，結果を加算する．

‖例‖　$125.4375 = 1111101.0111_2$

例題 1.2　10.3125 を 2 進数にせよ．

解　1010.0101_2

☑チェック　2進数を求めた後，逆に2進⇒10進変換で検算をしよう．あっていただろうか？

（3）連除法と連倍法の一般的な説明

10進整数 N の r 進数表現は次式で表される．

$$N = a_n r^n + a_{n-1} r^{n-1} + \cdots + a_2 r^2 + a_1 r^1 + a_0 r^0$$

ただし，a_k は $0 \leq a_k < r$ を満たす整数．
10 進数を r 進数に変換することは，$a_k\ (k=0,1,\ldots)$ を決定することである．
N を r で割ると

  商 $Q_0 = N/r = a_n r^{n-1} + a_{n-1} r^{n-2} + \cdots + a_2 r^1 + a_1 r^0$

  余り a_0（これは最下位桁の係数である）

となり，商 Q_0 を r で割ると

  商 $Q_1 = Q_0/r = a_n r^{n-2} + a_{n-1} r^{n-3} + \cdots + a_2 r^0$

  余り a_1（これは次の桁の係数である）

となる．同様にして，$a_2, a_3, a_4, \ldots$ が求まる．すなわち，10 進数を r 進数に変換したものは，商を r で割ることを繰り返すことによって求められる．

同様に，10 進小数 D の r 進数表現は次式で表される．

$$D = a_{-1} r^{-1} + a_{-2} r^{-2} + a_{-3} r^{-3} + \cdots + a_{-n} r^{-n}$$

10 進数を r 進数に変換することは，$a_k (k=-1,-2,\ldots)$ を決定することである．

この場合には，まず D を r 倍した結果得られる値の整数部分が r 進数の桁の係数 a_{-1} となる．同様にして，積 rD の小数部分を r 倍することにより，係数 a_{-2} が順次得られる．すなわち，10 進数を r 進数に変換したものは，積の小数部分を r 倍することを繰り返すことによって求められる．

1.4　8 進数

1.4.1　8 進数の表現方法

8 進数（octal number）の表現方法を以下に示す．

❶ 0 ～ 7 の 8 種類の数字で表す．"8" という数字は使わないことに注意してほしい．

❷ 数えていって 8（数字のなくなる数）になるときに桁上げが生じる．

❸ 基数は 8 であるから，各位（桁）の重みは 8 の累乗である．
たとえば，4 桁の 8 進数 $a_3 a_2 a_1 a_0$（a_k は $0 \leq a_k < 8$ を満たす整数）の値は

$$a_3 \times 8^3 + a_2 \times 8^2 + a_1 \times 8^1 + a_0 \times 8^0$$

で表される．

いくつかの具体的な値を，10進数との対比で表すと以下となる．

10進数	8進数	8進数	10進数
7	7_8	1_8	1
8	10_8		
9	11_8	0.1_8	$8^{-1} = 0.125$
10	12_8		

1.4.2　8進数と10進数との変換

変換の方法は，2進⇔10進変換の場合と同様である．

☑チェック　この場合，連除法と連倍法で割ったり掛けたりする数は 8 である（図 1.4, 1.5 参照）．

図 1.4　8進数への連除法による計算例　　図 1.5　8進数への連倍法による計算例

例題 1.3　373_8 を10進数にせよ．

解　251

例題 1.4　0.3125 を 8 進数にせよ．

解　0.24_8

1.4.3　8進数と2進数との変換

$2^3 = 8$ であるから，1桁の8進数をちょうど3桁の2進数で表すことができる（表1.1 参照）．この性質を使うと，8進数と2進数の変換を容易に実行できる（10進数の1桁は，4桁の2進数にぴたりと対応しない）．

（1）8進数から2進数への変換

表 1.1 を利用して 8 進数字を 3 桁の 2 進数で置き換える．次に例を示す．

$$3576_8 = (011)(101)(111)(110)$$
$$= 11101111110_2$$

表 1.1　8 進数字の 2 進 3 桁表現

8 進数字	2 進表現
0	000
1	001
2	010
3	011
4	100
5	101
6	110
7	111

(2) 2 進数から 8 進数への変換

❶　小数点位置を基準にして 3 桁ずつ区切る．

❷　表 1.1 を利用して 3 桁の 2 進数を 8 進数字に置き換える．

次に例を示す．

$$10100001_2 = (10)(100)(001)$$
$$= 241_8$$
$$0.10111_2 = 0.(101)(110)$$
$$= 0.56_8$$

> ✅ **チェック**　整数部分では下桁から区切る点に注意！　一方，小数部分では，上桁から区切り，最後の区切りも 3 ビットになるように "0" を一つまたは二つ補うことに注意！

例題 1.5　1101.0001_2 を 8 進数にせよ．

解　15.04_8

1.5　16 進数

1.5.1　16 進数の表現方法

16 進数（hexa-decimal number）の表現を以下に示す．

❶　数値を 16 種類の文字で表す．16 種類の文字として，0 から 9 までの 10 個の数字に加えて，6 個のアルファベット（A，B，C，D，E，F）を数字として用いる．アルファベットは次の値を表す．

$$A = 10, \quad B = 11, \quad C = 12, \quad D = 13, \quad E = 14, \quad F = 15$$

やはり，"16" という数字は使用しない．

❷ 数えていって 16（数字のなくなる数）になるときに桁上げが生じる．

❸ 基数は 16 であるから，各位（桁）の重みは 16 の累乗である．

たとえば，4 桁の 16 進数 $a_3 a_2 a_1 a_0$（a_k は $0 \leq a_k < 16$ を満たす整数）の値は

$$a_3 \times 16^3 + a_2 \times 16^2 + a_1 \times 16^1 + a_0 \times 16^0$$

で表される．

いくつかの具体的な値を，10 進数との対比で表すと以下となる．

10 進数	16 進数	16 進数	10 進数
14	E_{16}	1_{16}	1
15	F_{16}		
16	10_{16}	0.1_{16}	$16^{-1} = 0.0625$
17	11_{16}		

なお，16 進数を $3B82_{16}$ のように書くかわりに，3B82H と書いてもよい（H は hexa-decimal の頭文字である）．

1.5.2　16 進数と 10 進数との変換

16 進数から 10 進数への変換は，2 進 ⇒ 10 進変換の場合と同様な方法で行うことができる．しかし，10 進数から 16 進数への変換に連除法・連倍法を適用すると，16 で割ったり掛けたりすることになるが，これは 1 回の九九算ですまないので，連除法・連倍法はあまり使用されない．後で述べる 8 進数を経由する変換が容易である．

例題 1.6　$4B7_{16}$ を 10 進数にせよ．

解　1207

1.5.3　16 進数と 2 進数との変換

$2^4 = 16$ であるから，1 桁の 16 進数をちょうど 4 桁の 2 進数で表すことができるという性質がある（表 1.2 参照）．この性質を使うと，16 進数と 2 進数の変換を容易に実行できる．変換の方法は 8 進 ⇔ 2 進変換の場合と同様である．

（1）16 進数から 2 進数への変換

表 1.2 を利用して 16 進数字を 4 桁の 2 進数で置き換える．次に例を示す．

$$94\mathrm{B}_{16} = (1001)(0100)(1011)$$
$$= 100101001011_2$$

(2) 2進数から16進数への変換

小数点を中心にして，2進数を4桁ずつ区切り，表 1.2 を利用して 16 進数字で表す．次に例を示す．

$$10100001010_2 = (101)(0000)(1010)$$
$$= 50\mathrm{A}_{16}$$

例題 1.7 11101.001_2 を 16 進数にせよ．

解 $1\mathrm{D}.2_{16}$

表 1.2　16 進数字の 2 進 4 桁表現

16 進数字	2 進表現
0	0000
1	0001
2	0010
3	0011
4	0100
5	0101
6	0110
7	0111
8	1000
9	1001
A	1010
B	1011
C	1100
D	1101
E	1110
F	1111

1.6　基数変換のポイント

これまでに，2 進数，8 進数，10 進数，16 進数を学んだ．これらを相互に変換する場合の要点は以下である（図 1.6 参照）．

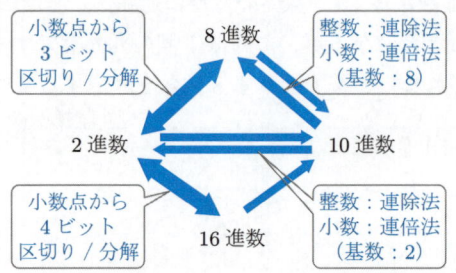

注：線が太いほど変換が容易

図 1.6　基数変換のポイント

（1）小数点を基準とする

2 進数から 8 進数または 16 進数への変換では，小数点を基準にして 3 桁（8 進数の場合）または 4 桁（16 進数の場合）ずつ区切る．小数点以下の最下位の区切りには，下位に 0 を補って 3 桁（8 進数の場合），または 4 桁（16 進数の場合）にする．

（2） 8進数を仲介とする

10進数から2進数あるいは16進数を求める場合は，次のように8進数を仲介とするのが容易である．

$$10進数 \Rightarrow 8進数 \Rightarrow 2進数$$

$$10進数 \Rightarrow 8進数 \Rightarrow 2進数 \Rightarrow 16進数$$

‖例‖ $1207 = 2267_8$　　　（図 1.7 参照）

$\qquad = (010)(010)(110)(111)$

$\qquad = 010010110111_2$

$\qquad = (0100)(1011)(0111)$

$\qquad = 4B7_{16}$

```
    8)1207      余り
     8)150 …… 7  （下位）
      8)18 …… 6
       8)2 …… 2
         0 …… 2  （上位）
       1207 = 2267₈
```

図 1.7　8進数への連除法による計算例

この例では，10進数を8による連除法で8進数に変換し，8進数の各桁を2進数に変換し，4桁ずつ区切って16進数に変換している．

1.7　負の数の表現

2進数で正・負の符号つき数値を表すには，次の3種類の方法がよく使用される．

① 符号つき絶対値（sign magnitude）表現
② 2の補数（two's complement）表現
③ ゲタばき（biased）表現

①，②では2進データの最上位ビットは符号ビットであるが，③では符号ビットは使用しない．

固定小数点数では②が使われる．また，浮動小数点数では①と③が使われる．

1.7.1　符号つき絶対値表現

nビットの符号つき絶対値表現では，最上位ビットは符号ビットで，それ以外の下位 $n-1$ ビットが絶対値である．

符号ビット	絶対値のビット

符号ビットは正数のとき "0"，負数のとき "1" と決められている．

例題 1.8 $+3$ と -3 を，符号を含めて 4 ビットの符号つき絶対値表現で表せ．

解 $+3 = 0011, -3 = 1011$

例題 1.9 符号つき絶対値表現において，符号を含めて 4 ビットで表すことのできる数値の範囲を 10 進数で示せ．

解 $-7 \sim -1, -0, +0, +1 \sim +7$（実質 15 種類）

1.7.2 補数表現

ある数の**補数**とは，特定の数からその数を引くことによって得られる数のことである．補数を使うと減算を加算として実行できる（ただし，整数の場合に限る）．つまり，これによって負の数を表すことができる．一般に，r 進数には r の補数がよく使用される．たとえば，10 進数の場合は 10 の補数であり，2 進数の場合は 2 の補数である．n 桁の 10 進数 N に対する 10 の補数は $10^n - N$ である（厳密には，10^n の補数とよぶほうが望ましいかもしれないが，慣例で 10 の補数とよんでいる）．

10 の補数を使う減算の例

807 の 10 の補数は，$10^3 - 807 = 193$ である．

これを用いると，負の数すなわち減算を加算で表現できる．

$$813 - 807 = 813 + (807 \text{ の } 10 \text{ の補数})$$
$$= 813 + 193$$
$$= 1006 \Rightarrow 6 \quad (\text{答え})$$

（3 桁の演算であるので，最上位桁を無視する）

答えが負の数になる場合，以下のようになる．

$$801 - 807 = 801 + (807 \text{ の } 10 \text{ の補数})$$
$$= 801 + 193$$
$$= 994 \Rightarrow -6 \quad (\text{答え})$$

（10 の補数表現になっている）

> ✓チェック　補数を扱うときには桁数が重要である．下記に注意！
> ・補数は桁数によって異なる．
> ‖例‖　6の10の補数は，1桁なら4，2桁なら94，3桁なら994，…
> ・補数を使うときの減算では減数と被減数の桁数を同じにし，答えも同じ桁数をとる．つまり，最上桁からの桁上がり（あふれ）は無視する．

● 1.7.3　2の補数表現

2進数n桁の数値Nの2の補数は$2^n - N$である．2の補数を用いて符号つき数を表す形式では，正数(N)の表現と負数$(-N)$の表現とは互いに2の補数の関係にある．だから，nビットの数(N)とその反対符号の数$(-N)$とを加えると2^nとなる．

たとえば，2進数4桁で表す1は0001である．$2^4 = 10000$であるので，この数値の2の補数は$10000 - 0001 = 1111$である．これを簡単に求める方法は以下である．

　　2進数の各ビットを反転（0→1，1→0）して，最下位桁に1を加える．

最上位ビットは符号を表すことになる（正：0，負：1）．

2進数の各ビットを反転した数を1の補数という．つまり，2の補数＝1の補数＋1である．

‖例‖　0100_2の1の補数は1011，2の補数は1100_2

> ✓チェック　2進数$00, 000, 0000, \ldots$の2の補数は$00, 000, 0000, \ldots$？　この場合は，nビットの数(N)とその反対符号の数$(-N)$とを加えると2^nとならない．これは特例か？　実は，2進数$00, 000, 0000, \ldots$の2の補数は$100, 1000, 10000, \ldots$であり，最上位桁の1はあふれであるので無視でき，これでOKである．つまり，+0と-0は同じ表現である．符号つき絶対値表現では，+0と-0がそれぞれ別表現されていたのは違うことに注意してほしい．

正数は，絶対値の2進表現に正の符号ビット "0" をつけて表す．

‖例‖　+5を4ビットで表すとき，5→ 0 1 0 1
　　　　　　　　　　　　　　　　　　↑　　↑
　　　　　　　　　　　　　　　　　符号ビット　絶対値
　　　　　　　　　　　　　　　　　　(+)　　 (5)

負数は，絶対値の2進表現に正の符号ビットをつけたものの2の補数で表す．

|| 例 ||　−5 を 4 ビットで表すとき，5 → 0 1 0 1
　　　　　　　　　　　　　　　↓ 2 の補数化
　　　　　　　　　　　　　　1 0 1 1

例題 1.10　負数を 2 の補数で表す形式において，符号を含めて 4 ビットで表すことのできる数値の範囲を 10 進数で示し，符号つき絶対値表現との違いを確認せよ．

解　−8 〜 −1, 0, 1 〜 7（16 種類であり，4 ビットで表せる最大種類となっている）

2の補数表現を用いると，減算は以下のように，加算で実行できる．
❶ 被減数と減数の桁数を同じにして，最上位に符号ビット 0 を付け加える．
❷ 減数を 2 の補数に変えてから加える．
❸ 最上位桁（符号桁）からの桁上げを無視した結果が答えである．最上位桁が 0 の場合は，答えは正である．最上位桁が 1 の場合は，答えは負の数で 2 の補数表現である．

|| 例 1 ||　$111_2 - 11_2$
❶　$0111 - 0011$
❷　0011 の 2 の補数化 ⟶ 1101
　　$0111 + 1101 = 10100$
❸　$10100 \longrightarrow 0100$（桁上げを無視，正の数）

|| 例 2 ||　$11_2 - 100_2$
❶　$0011_2 - 0100_2$
❷　0100 の 2 の補数化 ⟶ 1100
　　$0011 + 1100 = 1111$
❸　1111（桁上げなし，負の数，2 の補数で値は "−1"）

☑チェック　最上位桁が 1 の場合は，結果は負で，2 の補数になっている．オーバーフローする場合は，次のアドバンスを参照してほしい．

> **アドバンス** 2の補数表現されている数値の加減算で，結果がオーバーフローとなる場合の判定法を考えてみよう．オーバーフローとは，演算の結果が有効ビット数を超えることである．たとえば，正数＋正数において，最上位ビット（符号ビット）へ桁上がりが生じた場合である．この場合，結果は正であるのに符号ビットが1となるのは，有効ビット数を超えたことになる．このようにして，符号ビットからの桁上がり，および符号ビットへの桁上がりの有無の組合せで判定できる．
>
> | ケース | 符号ビットからの桁上がり | 符号ビットへの桁上がり | オーバーフロー | 結果の正負判定 |
> |---|---|---|---|---|
> | ① | なし | なし | なし | 符号ビット |
> | ② | あり | あり | なし | 符号ビット |
> | ③ | なし | あり | あり | 正 |
> | ④ | あり | なし | あり | 負 |
>
> 符号ビットを含めて4ビットでの例：
> ① $-5 + 2 = 1011 + 0010 = (0)1101 = -3$
> ② $-5 - 3 = 1011 + 1101 = (1)1000 = -8$
> ③ $5 + 3 = 0101 + 0011 = (0)1000 = -8 \neq$（正しい答：8）
> ④ $-5 - 4 = 1011 + 1100 = (1)0111 = 7 \neq$（正しい答：$-9$）

1.7.4 ゲタばき表現

ゲタばき表現（バイアス表現）とは，表現すべき範囲の数値の最小値（負数）の絶対値をすべての数に加える表現である．この加える値をゲタ（バイアス，bias）とよぶ．これによって，すべての数値が非負で表現される．すなわち，最小値が0で表現される．したがって，表現そのものは通常の符号なしの数と同様である．

> **✓チェック** 各種の数値表現法を理解できただろうか？　ここまで勉強してきた君に，取っておきの図1.8を進呈しよう．これを見て，各種の表現法を再確認しよう！

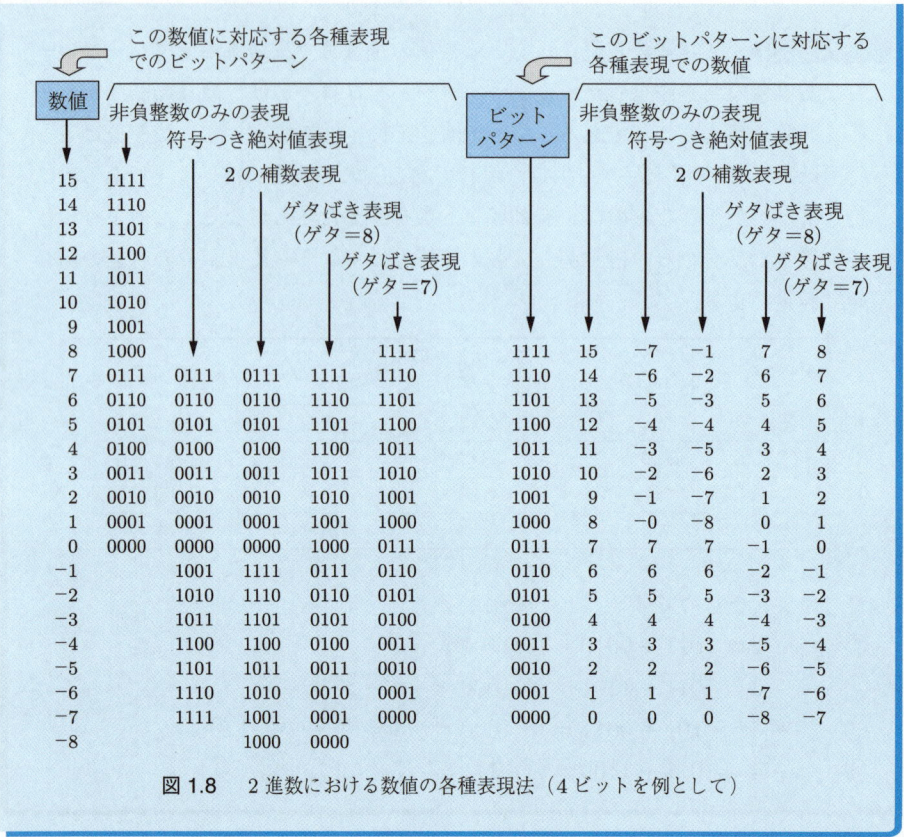

図 1.8　2 進数における数値の各種表現法（4 ビットを例として）

1.7.5　2 の補数表現の利点

現在使われているほとんどのコンピュータでは，整数の負数の表現として 2 の補数表現が用いられている．2 の補数表現には次の利点があることが理由として挙げられる．

① 　補数をつくるのが比較的簡単
② 　減算も加算器で実行可能
③ 　減算を加算器で実行するさい，最上桁の桁上げ（あふれ）を無視可能
④ 　0 の表現が一つ
⑤ 　最上位ビットが符号の役割をはたし，正負の判定が容易

> ✓チェック　2 の補数を用いて符号つき数を表す形式で，2 進数 n 桁の数値は，正の数でも負の数でも以下で表される．最上位ビットは負の重みであることに

> 注意．このように，2 の補数表現はすっきりした表現である．
> $$a_{n-1} \times (-2^{n-1}) + a_{n-2} \times 2^{n-2} + \cdots + a_1 \times 2^1 + a_0 \times 2^0$$
> （ただし，a_k は 0 または 1）

● 1.7.6　符号つき整数値のメモリ内での表現

多くのコンピュータでは，メモリは 8 ビットを単位とした区画に分かれている．この 8 ビットの区画をバイトという．数値を 1 バイトのメモリに格納する場合，メモリ内では次のように表される．ただし，2 の補数を用いて負数を表すものとする．

‖例 1 ‖　+6

$6 = 110_2$ であるから，8 ビットで表すとメモリ内表現は

| 0 | 0 | 0 | 0 | 0 | 1 | 1 | 0 |

となる．これを 16 進表記すると，06_{16} となる．

‖例 2 ‖　−19 は

$19 = 10011_2$ であるが，8 ビットでは，00010011_2 であるので，2 の補数表現すると，次のようになる．

| 1 | 1 | 1 | 0 | 1 | 1 | 0 | 1 |

負の数は，桁を合わせた後，2 の補数に変換する．

> **アドバンス** ▶ この表現形式は，Java のデータ型の byte に相当する．同様に，short, int, long に相当する 2 バイト，4 バイト，8 バイトの表現形式がある．これらデータ型において，最小値（負数）の絶対値が，最大値より一つ大きい理由が理解できただろうか？　そう，最上位ビットが負の重みをもっているからである．

1.8　固定小数点表現と浮動小数点表現

● 1.8.1　10 進数値の表し方

まず，なじみのある 10 進数で固定小数点表現と浮動小数点表現を比較してみよう．

(1) 固定小数点表現 (fixed point number representation)

- 小数点の位置が固定されている．
- 小数点の位置を右端におくことに決めれば，固定小数点表現で与えられる数値は正負の整数となる．

|| 例 ||　+257　−9711

(2) 浮動小数点表現 (floating point number representation)

- 値の幅の広い実数を表現するのに使用される．
- 指数を用いる表現であり，一般には次の形式をとる．

$$[符号][仮数] \times 10^{[指数]}$$

具体的な例を示すと以下となる．

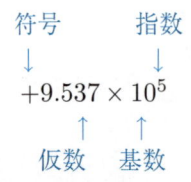

$$\underset{\underset{仮数}{\uparrow}}{\overset{\overset{符号}{\downarrow}}{+}}9.537 \underset{\underset{基数}{\uparrow}}{\times} 10^{\overset{\overset{指数}{\downarrow}}{5}}$$

同一数値を両形式で表現すると以下のようになる（同一の数値を何通りにも表現できることに注意）．

固定小数点表現　　浮動小数点表現

$$237.45 = 23745. \times 10^{-2}$$
$$2374.5 \times 10^{-1}$$
$$237.45 \times 10^{0}$$
$$23.745 \times 10^{1}$$
$$2.3745 \times 10^{2}$$
$$.23745 \times 10^{3}$$

指数の値によって小数点の位置が動くことに注意

1.8.2　2進数の固定小数点表現

この表現は，コンピュータの内部で，2, 4 または 8 バイトの長さの 2 進整数により数値データを表す形式である．負数は 2 の補数表現を用いている．小数点は最下位桁の右にあるものとみなす．

符号	数　　値

　　　　　　　　　　　　　　　　• ← 小数点の位置とみなす

8バイトを用いれば，$-2^{63} \sim 2^{63}-1$ の数値が表現できるので，そうとう広いと思うかもしれないが，科学技術計算などではまだ不十分である．

1.8.3　2進数の浮動小数点表現

2進数の浮動小数点表現が，10進数の浮動小数点表現と異なるのは基数が2であることだけである．したがって，次のように表される．

[符号][仮数] $\times 2^{[指数]}$

コンピュータの内部では，上記の浮動小数点数を下記のような形式で，32ビットデータとして格納している（以下では，符号・仮数・指数と符号部・仮数部・指数部という用語を区別して用いていることに注意）．

符号部　指数部　　　　　　仮数部
1ビット　8ビット　　　　　23ビット

（1）符号部 S

数値全体の符号 (sign) を表す．

正ならば $S=0$，負ならば $S=1$ である．

（2）指数部 E

正と負の指数 (exponent) をゲタばき表現で表す．

ゲタの値は，$127 = 1111111_2$

|| 例 || 指数 $=2$ のとき　　$E = 10_2 + 1111111_2$
　　　　　　　　　　　　　　$= 10000001_2$

　　　　指数 $=-2$ のとき　$E = -10_2 + 1111111_2$
　　　　　　　　　　　　　　$= 01111101_2$

表現できる指数および指数部の範囲を表1.3に示す．この表の中で指数部が $0(00000000_2)$ と $255(11111111_2)$ となる場合が除かれているが，これらはゼロ，絶対値がきわめて小さい数と絶対値が無限大の数，非数NaN (Not a Number；$0 \div 0$ や無限大 $-$ 無限大) を表現するために使われる（詳細は p.21 のアドバンス参照）．

表1.3　指数および指数部の範囲

指数	指数部 E
$-01111110_2 \sim 01111111_2$	$00000001_2 \sim 11111110_2$
$-126 \sim 127$	$1 \sim 254$

(3) 仮数部 F

1.8.1 項で説明した 10 進数の浮動小数点表現と同様に，2 進数の浮動小数点表現でも同一の数値を仮数（fraction）と指数の組合せを変えて，何通りにも表現できる．

‖例‖
$$11.01_2 \times 2^{-2} = 1.101_2 \times 2^{-1}$$
$$= 0.1101_2 \times 2^0$$
$$= 0.01101_2 \times 2^1$$

このように仮数をさまざまな値で表現できるが，23 ビットの仮数部の中になるべく多くの有効ビット（1 となっているビット）が収まる表現にするほうがよい．そこで，仮数を「整数部分が 1 となる表現」に統一し，これを正規化表現とよぶ．また，正規化表現に変換する操作を正規化という．仮数の正規化表現から整数部分の 1 を除いた残りを仮数部 F とする．

> ☑チェック　仮数部をこのように正規化表現することで，仮数部のビット数は 23 であるが，仮数の実質ビット数は 24 となって，1 ビット儲かる！

前の例では，正規化表現の仮数は 1.101_2 であるから，

　　仮数部 F : 10100000000000000000000

となる．

S と E と F が与えられたとき，このデータの値を数式で表すと，

$$(-1)^S 2^{E-127} \times (1.F)$$

となる（仮数の値は $1+F$ であることに注意）．

例題 1.11　1011.011_2 および 0.000111_2 を正規化せよ．

解　$1011.011_2 = 1.011011 \times 2^3$
$0.000111_2 = 1.11 \times 2^{-4}$
（小数点を左に n ビットだけ移動したとき 2^n で補正し，右に n ビットだけ移動したとき 2^{-n} で補正する．）

例題 1.12　-5 を浮動小数点形式のデータで表せ．

解
❶ 数値が負であるから，符号部は 1
❷ 5 を 2 進数に変換　　$5 = 101_2$
❸ 正規化　　$101_2 = 1.01 \times 2^2$
　　　　仮数 $= 1.01$　　指数 $= 2 = 10_2$
❹ 仮数部 = 仮数 $-1 =$
　　01000000000000000000000
❺ 指数部 = 指数 + ゲタ =
　　$10_2 + 1111111_2 = 10000001$
❻ 32 ビットのデータは次のようになる．

| 1 | 10000001 | 01000000000000000000000 |

例題 1.13　次の 32 ビット列は浮動小数点数を表す．その値を 10 進数で示せ．
00111110000000000000000000000000

解
❶ 符号部：0 $\Rightarrow$ 正の数
❷ 仮数部：$0 \cdots 0$ $\Rightarrow$ 仮数 $= 1.0$
❸ 指数部：01111100
　　指数 = 指数部 $-$ ゲタ
　　　　= 01111100 $-$ 01111111
　　　　= 01111100 $+$ 10000001
　　　　= 11111101
　　　　= -3
❹ 答え $= +1 \times 2^{-3} = 0.125$

アドバンス　ここで説明した浮動小数点形式は，単精度 IEEE 754 標準という国際的な標準規格で定められた形式である．これは，Java のデータ型の float でも採用されている規格である．この規格において，絶対値が最大である数 $A_{\max}$ と最小である数 $A_{\min}$ を調べてみよう（表 1.3 参照）．
　$A_{\max}$ は以下である．

| 0 | 11111110 | 11111111111111111111111 |

指数 $= 127$，仮数 $= 2 - 2^{-23}$（絶対値のため符号は正負どちらでも同じ）
　　$A_{\max} = (2 - 2^{-23}) \times 2^{127} \fallingdotseq 3.4028 \times 10^{38}$

これより大きい数は表せないので，指数 = 128（指数部 = 255），仮数部 = 0…0 と表示され，無限大といわれる．また，指数 = 128（指数部 = 255）で仮数部 ≠ 0…0 の場合はNaNを表す．NaN は $0 \div 0$ や 無限大 − 無限大 の演算の結果である．

表 1.3 において，指数の最小は -126（指数部 = 1）であると述べたが，さらにこれより小さい数も表現できる．指数部を 0 として，正規化表現の仮数部の隠れている（小数点の上の）1 も含めて，仮数部を下位（右）へ移すことによって，もっと小さい数を表す．これは段階的アンダーフロー (gradual underflow) とよばれる．その結果，$A_{\min}$ は以下である．

| 0 | 00000000 | 00000000000000000000001 |

指数 = -126, 仮数 = 2^{-23}（絶対値のため符号は正負どちらでも同じ）

$$A_{\min} = 2^{-23} \times 2^{-126} = 2^{-149} \fallingdotseq 1.4012 \times 10^{-45}$$

つまり，指数部 = 0 の場合は正規化表現ではない．そして，さらに仮数部 = 0…0 の場合が 0 を表現する．つまり，全ビット 0 がゼロを表しており，わかりやすい．

少し難しかっただろうか？ Java の本にも結果だけは書いてあるが，中身を理解すると一段と嬉しいものである．

アドバンス ▶ 単精度 IEEE 754 標準より，さらに表現できる値を広げた倍精度 IEEE 754 標準という 64 ビットの表現形式もある．これは，Java のデータ型の double でも採用している規格である．

これらの規格は最近開発されたコンピュータには採用されているが，古い時代に開発された機種は固有の浮動小数点表現形式をもっていた．次のような表現形式の違いがあった．
・基数として 2 のかわりに 16 を使う（数の範囲拡大，有効数字減少）
・仮数や指数を表すためのビット数が異なる
・仮数の正規化方法が異なる（有効数字の最大桁を小数点の直後におく）
・負数の表し方（2 の補数を利用）

1.8.4　浮動小数点数の加減算

前項で説明したように，実際の仮数部は 23 ビットで，仮数は 24 ビットであるが，

ここでは説明の都合上，仮数を格納できるビット数を8として，浮動小数点数の加算・減算方法を説明する．

❶ 指数が同じときは，仮数どうしを加減算し，必要に応じて正規化する．

‖例1‖ $1.0010000 \times 2^3 + 1.1000000 \times 2^3 = 10.101000 \times 2^3 = 1.0101000 \times 2^4$

❷ 指数が異なるときは，まず指数をそろえてから，❶を適用する．

‖例2‖ $1.0101000 \times 2^5 + 1.1100100 \times 2^4 = 1.0101000 \times 2^5 + 0.1110010 \times 2^5$
$$= 10.001101 \times 2^5 = 1.0001101 \times 2^6$$

● 1.8.5　浮動小数点表現の誤差問題

前項の例は，仮数を格納できるビット数8の範囲で正確に処理できた．しかし，1.8.3項で述べた仮数部や指数部のビット数を超える値が計算の途中や結果において必要になると，以下のような誤差が生じることがある（23ビットの仮数部を用いて説明すると，あまりにも多くの数字を書く必要があり，読むほうも読みにくいので，ビット数を少なくして説明する）．

（1）情報落ち

絶対値の大きい数に，絶対値の小さい数を加えると，小さい数が無視される．

情報落ちの例（仮数のビット数を6として説明）：

$$1.00000_2 \times 2^6 + 1.11111_2 \times 2^0 = 1000001.11111_2$$
$$\downarrow$$
$$1.00000_2 \times 2^6$$

（2）オーバーフロー

絶対値が非常に大きい数どうしの乗算を行うと，表現できる数の最大値を超えてしまう（指数部が大きくなりすぎる）．

オーバーフローの例：

$$(1.0_2 \times 2^{100}) \times (1.0_2 \times 2^{101}) = 1.0_2 \times 2^{201}$$

指数が大きすぎて，8ビットでは表せない．

（3）アンダーフロー

ゼロに非常に近い数どうしの乗算を行うと，表現できる数の最小値を下回ってしまう（指数部が小さくなりすぎる）．

アンダーフローの例：

$$(1.0_2 \times 2^{-100}) \times (1.0_2 \times 2^{-101}) = 1.0_2 \times 2^{-201}$$

指数が小さすぎて，8ビットでは表せない．

（4） 変換誤差

10進小数を2進小数に変換すると，多くの場合無限小数となる．有限の有効数字で表すと，切り捨てにより誤差が生じる．たとえば，10進小数 0.1 を 2進数に変換すると，無限に続く循環小数になる．これを仮数部のビット数が 23 の浮動小数点形式で表すと，6×10^{-9} 程度の誤差を生じる．

> **アドバンス** ▶ 企業の会計処理などの事務計算では，科学技術計算のように有効桁という考え方はとらない．最上位桁が何兆円であろうとも，1円あるいは1銭の単位まで誤差なく計算することを要求される．すなわち，わずかな変換誤差も許されない．このため，事務計算では，2進数でなく10進数で計算する機能を利用する．

（5） 桁落ち

この場合は，ハードウェアのビット数の制限による誤差ではないが，ほぼ等しい大きさの数字の差を求めると，有効桁数が少なくなることがある．

桁落ちの例（仮数のビット数を6として説明）：

$$1.11111_2 - 1.11110_2 = 0.00001_2 = 1.0_2 \times 2^{-5}$$

有効桁が 1桁しか残らない．

> **✓チェック** 誤差をなるべくさけるためには，プログラミングにおいて実数の計算をするときは，かけ算やわり算の順序に気をつける必要がある．

例題 1.14 次の10進数のうち，2進数にしたときに循環小数にならないのはどれか．
0.2, 0.4, 0.5, 0.8

解 0.5

> **アドバンス** ▶ 大きい数値と小さい数値は漢字でも表せる．こんなに大小の数値が古くから必要だったのである．

<大きい数値の単位>
(以下，日本語の単位のみ記載)

10^0		一（いち）	10^{28}	穣（じょう）
10^1	da（デカ）	十（じゅう）	10^{32}	溝（こう）
10^2	h（ヘクト）	百（ひゃく）	10^{36}	澗（かん）
10^3	k（キロ）	千（せん）	10^{40}	正（せい）
10^4		万（まん）	10^{44}	載（さい）
10^5		十万	10^{48}	極（ごく）
10^6	M（メガ）	百万	10^{52}	恒河沙（ごうがしゃ）
10^7		千万	10^{56}	阿僧祇（あそうぎ）
10^8		億（おく）	10^{60}	那由他（なゆた）
10^9	G（ギガ）	十億	10^{64}	不可思議（ふかしぎ）
10^{10}		百億	10^{68}	無量大数（むりょうたいすう）
10^{11}		千億		
10^{12}	T（テラ）	兆（ちょう）		
10^{13}		十兆		
10^{14}		百兆		
10^{15}	P（ペタ）	千兆		
10^{16}		京（けい）		
10^{17}		十京		
10^{18}	E（エクサ）	百京		
10^{19}		千京		
10^{20}		垓（がい）		
10^{21}	Z（ゼッタ）	十垓		
10^{22}		百垓		
10^{23}		千垓		
10^{24}	Y（ヨッタ）	秭（じょ）		

<小さい数値の単位>
(以下，日本語の単位のみ記載)

10^{-1}	d（デシ）	割（わり）	10^{-13}		漠（ばく）
10^{-2}	c（センチ）	分（ぶ）	10^{-14}		模糊（もこ）
10^{-3}	m（ミリ）	厘（りん）	10^{-15}		逡巡（しゅんじゅん）
10^{-4}		毛（もう）	10^{-16}		須臾（しゅゆ）
10^{-5}		糸（し）	10^{-17}		瞬息（しゅんそく）
10^{-6}	μ（マイクロ）	忽（こつ）	10^{-18}		弾指（だんし）
10^{-7}		微（び）	10^{-19}		刹那（せつな）
10^{-8}		繊（せん）	10^{-20}		六徳（りっとく）
10^{-9}	n（ナノ）	沙（しゃ）	10^{-21}		空虚（くうきょ）
10^{-10}		塵（じん）	10^{-22}		清浄（せいじょう）
10^{-11}		埃（あい）			
10^{-12}	p（ピコ）	渺（びょう）			

演習問題 1

1.1 次の 2 進数を 10 進数に変換せよ．
$11011_2 =$
$1111.1101_2 =$

1.2 次の 10 進数を 2 進数に変換せよ．
$109 =$
$131.5625 =$

1.3 次の 8 進数または 16 進数を 10 進数に変換せよ．
$556_8 =$
$29.B8_{16} =$

1.4 次の 10 進数を 8 進数に変換せよ．
$0.375 =$
$131.5625 =$

1.5 次の 10 進数を 16 進数に変換せよ．
$0.84375 =$
$26.375 =$

1.6 次の 8 進数を 16 進数に変換せよ．
$3242_8 =$
$2571_8 =$

1.7 次の 16 進数を 8 進数に変換せよ．
$5C7_{16} =$
$7B3_{16} =$

1.8 下記の演算を行え．
$1011_2 + 1110_2 = (\quad)_2$
$1101_2 - 1010_2 = (\quad)_2$
$15_8 + 14_8 = (\quad)_8$
$A1_{16} - 6_{16} = (\quad)_{16}$

1.9 2 進数 11001_2 の 2 の補数を求めよ．
2 の補数＝□□□□□

1.10 次の 2 進数を 10 進数に変換せよ．ただし，最上位ビットを符号ビットとし，負数は 2 の補数で表すものとする．
$111010111001_2 =$
$101110011000_2 =$

1.11 次の 10 進数を 8 ビットの数値データに変換せよ．ただし，最上位ビットは符号ビットとし，負数は 2 の補数で表すものとする．
$+13 =$ □□□□□□□□
$-24 =$ □□□□□□□□

1.12 下記は，減算を 2 の補数を用いて実行する場合の手順を示す．右の説明に従って演算の流れを完成させよ．

$$11011_2 - 1001_2 = 11011 - \square1001 \quad\quad 桁数をそろえる$$
$$= \square11011 - \square\square1001 \quad 符号ビットの追加$$
$$= \square11011 + \square\square\square\square\square\square \quad 2の補数化$$
$$= \square\square\square\square\square\square \quad\quad\quad\quad\quad 加算（桁上げ無視）$$

1.13 表 1.4 は同一数値の 2 進数，8 進数，10 進数，および 16 進数の関係を表したものである．ただし，2 進数は 8 ビットで表され，最上位は符号ビットで負数は 2 の補数になっているものとする．この表の空欄を埋めよ．

表 1.4

2 進数	8 進数	10 進数	16 進数
01010101	125		
	373	−5	
		127	7F

1.14 下記の演算を行うプログラムと 1 区画が 8 ビットのメモリがある．このメモリのアドレス i, j, および k の区画に I, J, および K のデータを格納せよ．ただし，最上位は符号ビットで負数は 2 の補数で表されるものとせよ．

$I = 85$ $i : \square\square\square\square\square\square\square\square$

$J = -22$ $j : \square\square\square\square\square\square\square\square$

$K = I + J$ $k : \square\square\square\square\square\square\square\square$

1.15 負の数を表すために 2 の補数が用いられる固定小数点形式において，2 バイトで表すことのできる整数の最大値と最小値を次の手順に従って示せ．

最大値を与えるのは 2 進表現が次のときである．

$\square\square\square\square\square\square\square\square\square\square\square\square\square\square\square\square$

これを 16 進数として読むと（　　）$_{16}$ であり，10 進数では（　　）である．

最小値を与えるのは 2 進表現が次のときである．

$\square\square\square\square\square\square\square\square\square\square\square\square\square\square\square\square$

これを 16 進数として読むと（　　）$_{16}$ であり，10 進数では（　　）である．

演習問題 1.16 から 1.20 において取り扱う浮動小数点数は，符号 1 ビット，指数部 8 ビット，仮数部 23 ビットで表される．仮数は整数部分が 1 となるように正規化され，正規化された仮数の小数部分が仮数部となる．指数部にはゲタばき表現（ゲタの値=127）が用いられる．

1.16 10 進数 3.125 を次の手順に従って浮動小数点数で表せ．

$3.125 = (\quad\quad)_8 = (\quad\quad)_2$

であるから，3.125 は次のように正規化される．

$(\quad\quad)_2 \times 2^{(\quad\quad)}$

指数部は $\square\square\square\square\square\square\square\square$ となり，浮動小数点データは次のように表される．

これを 16 進数として読むと ( )₁₆ となる．

1.17 10 進数 0.15625 を次の手順に従って浮動小数点データで表せ．
$$0.15625 = (\qquad)_8 = (\qquad)_2$$
であるから，0.15625 は次のように正規化される．
$$(\qquad)_2 \times 2^{(\qquad)}$$
指数部は□□□□□□□となり，浮動小数点データは次のように表される．

これを 16 進数として読むと ( )₁₆ となる．

1.18 次の 32 ビット列は浮動小数点データを表す．この値を 10 進数で示せ．
11000001000101100000000000000000

1.19 次の二つの 2 進データ A および B によって示される浮動小数点数を加算し，その答えを浮動小数点データで表せ．
A = 01000001011001000000000000000000
B = 01000001111111001000000000000000

1.20 10 進小数 0.1 を浮動小数点データで表したとき，このデータには誤差が含まれる．この誤差がどの程度であるか，以下の手順に従って求めよ．
ただし，$3 \times 8^{-3} + 1 \times 8^{-4} \times 4 \times 8^{-5} + 6 \times 8^{-6} + 3 \times 8^{-7} + 1 \times 8^{-8} + 4 \times 8^{-9} = 0.006249994$
とせよ．
$$0.1 = (\qquad)_8 = (\qquad)_2 = (1.\qquad)_2 \times 2^{(\qquad)}$$
であるから，これを浮動小数点データで表すと次のようになる．

このデータを再び数値に戻すと，次のように表される．
$$(\qquad)_2 \times 2^{(\qquad)} = (\qquad)_8$$
これを 10 進数に変換すると

となる．この数値と 0.1 との差は次のようになる．
$$(\qquad) \times 10^{(\qquad)}$$

第2章　データの表現

ここでは，数値以外の一般的なデータの表現方法を学ぶ．これらもすべて "0" と "1" で表現されるが，数値との違いを理解してほしい．

2.1　データとコード

数字や文字などの記号を，決められた規則に従って他の記号に変換（表現）することをコード化（符号化）といい，変換された後の記号をコード（code，符号）とよぶ．

コンピュータでは，数値，文字などのさまざまなデータを取り扱う必要がある．しかし，コンピュータの内部で表現できる実際の記号は，"0" と "1" のみである．したがってコンピュータでは，すべてのデータをビットパターン（0と1との組合せ）でコード化して表現している．

たとえば，文字コード体系としてもっとも普及しているASCII（アスキー）コードでは，次のようなコードが決められている．

　　数字の "2" のコードは　　　　　　0110010
　　アルファベットの "A" のコードは　　1000001

> ✅ **チェック**　このように，コンピュータ内部では，数字の2は数値の2とは別の表現になっている．数値の2は，固定小数点表現や浮動小数点表現で表される．

> **アドバンス** ▶▶　情報理論の分野では，上記の個々のコード（符号）をコードワード（符号語）といい，変換前の記号とコードワードの対応関係全体をコード（符号）というように厳密に使い分けている．本書では，コンピュータ分野の慣例に従って，両方ともコードという．
>
> また，プログラムをコード，プログラムを書くことをコード化という場合もあるが，文脈が違うことに注意してほしい．

2.2 コードの決め方

コード化の方法は次の点を考慮して決められる．
❶ コードのビット数をいくつにするか？
❷ どういう規則でコードを割り当てるか？

2.2.1 2 ビットによるコード化

2 ビットのコード化でつくることのできるコードは何種類か？

$2 \times 2 = 4$ 種類　　　00　01　10　11

4 種類のコードを，表現したい対象に割り当てる方法は何通りあるか？

$4 \times 3 \times 2 \times 1 = 4!$　　　24 通り

たとえば，4 個の数字 0, 1, 2, 3 を 2 ビットのコードで表す場合に，可能な例とだめな例を挙げる（理解しやすいのは例 1 である）．

		例 1	例 2	例 3	だめな例
0	→	00	01	11	00
1	→	01	11	10	01
2	→	10	10	00	10
3	→	11	00	01	00

2.2.2 3 ビットによるコード化

3 ビットでつくることのできるコードは何種類か？

$2 \times 2 \times 2 = 8$ 種類

000　001　010　011　100　101　110　111

8 種類のコードを表現したい対象に割り当てる方法は何通りあるか？

$8 \times 7 \times 6 \times 5 \times 4 \times 3 \times 2 \times 1 = 8!$　　40320 通り

2.2.3 多数ビットによるコード化

ビット数を増やしたときのコードの種類とコードの割当て方法の関係を，表 2.1 に示す．ビット数が 4 以上になると，実用上割当て方法は無数にあると考えてよい．一般にはそれらの中から，都合のよいもの，使いやすいもの，覚えやすいものなど，合理的な根拠があるものを選ぶことになる．数字のコードの場合，規則性をもっていて，プログラムで 2 進数に変換しやすいものがよい．

表2.1 ビット数，コードの種類およびコードの割当て方法の関係

ビット数	2	3	4	5	6	7	8
コードの種類	4	8	16	32	64	128	256
割当て方法の数	4! (24)	8! (40320)	16! (約2兆)	32!	64!	128!	256!

2.3 10進数の表現

10進数のコードにはさまざまなものが考えられているが，コンピュータの内部で一般的に使われているものにBCD(Binary Coded Decimal)がある．表2.2に示すように，BCDは10進数の数字0～9を4ビットの2進数として表すコードである．コードの各ビットは，通常の2進数と同じ8-4-2-1の重みをもつ．BCDを用いた10進固定小数点表現に，パック10進数(packed decimal)とよばれる数値データの内部表現がある．これは，1バイトで2桁の10進数を表し，符号（＋：1100，－：1101）を最右端のバイトの後半に入れる．パック10進数は，数値の大きさに応じた長さをもつ可変長データである（1バイトの整数倍）．

表2.2 BCDコード

10進数	BCD
0	0000
1	0001
2	0010
3	0011
4	0100
5	0101
6	0110
7	0111
8	1000
9	1001

|| 例 || ＋36：0000 0011 0110 1100
　　　　　　0　　3　　6　　＋

アドバンス ▶ 上記のパック10進数が，1.8.5項のアドバンスで紹介した事務処理用の数値計算に使用する表現形式である（10進⇒2進変換誤差を生じない）．

また，10進数を表すコードの他の例を表2.3に示す．これらは次の特徴をもつ．

表2.3 10進数のコードの例

10進数	2421	3増し	交番2進
0	0000	0011	0000
1	0001	0100	0001
2	0010	0101	0011
3	0011	0110	0010
4	0100	0111	0110
5	1011	1000	0111
6	1100	1001	0101
7	1101	1010	0100
8	1110	1011	1100
9	1111	1100	1101

> **(1) 2421 コード**
> 2421 の重みをもつコード．10 進で 9 の補数関係にある数が 2 進コードで表したとき，1 の補数関係にある．（注：10 進数の 9 の補数は 10 の補数から 1 を引いたものである．2 進数の 1 の補数は 2 の補数から 1 を引いたものである．このように，r 進数には，r の補数と $r-1$ の補数がある．）
> **(2) 3 増しコード (excess 3 code)**
> BCD＋3 のコード．すべてのコードに 1 のビットがあるので，0 と無信号との識別ができる．
> **(3) 交番2進コード (Gray code)**
> 10 進数の値が 1 異なるとき，コードのビットが一つだけ異なる．

2.4 文字の表現

コンピュータの内部では，文字はコードで表される．文字をどのようなコードで表現するかについての規約を 文字符号 という．標準化された各種の文字符号が定められている．

標準化された文字符号には，ASCII符号，EBCDIC符号，JIS 8 単位符号，JIS 漢字符号などがある．たとえば，JIS 漢字符号では，以下のように 2 バイトのコードを定めている．

|| 例 ||　漢 ⇒ 0011010001000001
　　　　字 ⇒ 0011101101111010

例として，ASCII 符号を表 2.4 に示す．ASCII 符号はもともとアメリカの ANSI（アメリカ国家規格協会）という機関が定めたが，その後 ISO（国際標準化機構）で国際規格 ISO 646 になっている．

例題 2.1　JIS 第 1 水準の漢字（2965 文字）と JIS 第 2 水準の漢字（3384 文字）のすべてをコード化するには，コードのビットの長さを少なくともいくつにする必要があるか．

解　$2965 + 3384 = 6349$, $2^{12} < 6349 < 2^{13} \Rightarrow 13$ ビット

表 2.4 ASCII コード表

上位 4ビット			0000	0001	0010	0011	0100	0101	0110	0111	2進数
			0	1	2	3	4	5	6	7	10進数
下位 4ビット			0	1	2	3	4	5	6	7	16進数
0000	0	0	NUL	DLE	スペース	0	@	P	`	p	
0001	1	1	SOH	DC1	!	1	A	Q	a	q	
0010	2	2	STX	DC2	"	2	B	R	b	r	
0011	3	3	ETX	DC3	#	3	C	S	c	s	
0100	4	4	EOT	DC4	$	4	D	T	d	t	
0101	5	5	ENQ	NAK	%	5	E	U	e	u	
0110	6	6	ACK	SYN	&	6	F	V	f	v	
0111	7	7	BEL	ETB	'	7	G	W	g	w	
1000	8	8	BS	CAN	(	8	H	X	h	x	
1001	9	9	HT	EM	)	9	I	Y	i	y	
1010	10	A	LF	SUB	*	:	J	Z	j	z	
1011	11	B	VT	ESC	+	;	K	[	k	{	
1100	12	C	FF	IS4	,	<	L	\	l	|	
1101	13	D	CR	IS3	-	=	M	]	m	}	
1110	14	E	SO	IS2	.	>	N	^	n	~	
1111	15	F	SI	IS1	/	?	O	_	o	DEL	
2進数	10進数	16進数									

2.5 数値データの入出力における表現

　コンピュータ内で数値データは，今まで述べたように図 2.1 に示すさまざまな形式で表される．これらは，コンピュータの内部表現といわれる．しかし，内部表現は人間にはわかりにくいので，数値をコンピュータに入力・出力するさいには文字列として表される．たとえば，数値 24.7 は，"2"，"4"，"."と"7"という 4 個の文字コードの列として与えられる．これらの数値と文字列は，入出力時に相互に変換される．

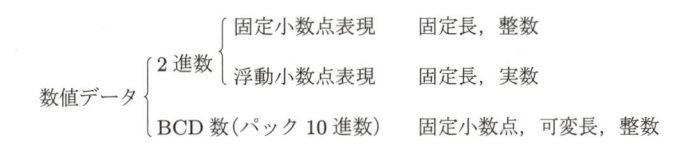

数値データ ┬ 2進数 ┬ 固定小数点表現　　固定長，整数
　　　　　　│　　　 └ 浮動小数点表現　　固定長，実数
　　　　　　└ BCD 数（パック 10 進数）　　固定小数点，可変長，整数

図 2.1　数値データの表現様式

2.6 誤り検出のできるコード

コンピュータや通信などの分野においては，データの伝達や処理の過程で，ノイズなどにより誤りが発生することがある．誤りが発生した場合に，誤りを自動的に検出できることが重要である．

誤りを検出できるコード化の方式では，ビットパターンに一定の規則性を与えて，規則性が保持されているかどうかを調べる．規則性が失われていれば，誤りが発生したと判定する．誤りが発生したと判定した場合は，信号の伝達や処理をやり直す．これを再試行という．正しい通信や処理が行われるまで再試行を繰り返す．誤りの検出のためには，検出用のビットの付加が必要である．これを冗長性の付加という．

n ビットのデータに誤り検出のためのビットを m 個付加して，全体で $n+m$ ビットの符号とする方法が用いられる．付加されたビットは検査ビットとよばれる．

これから述べるいずれの方式においても，誤りがあると検出されたときは，データビット，検査ビットのどちらに誤りがあるかはわからない．どちらにも誤りがありえることに注意してほしい．

> ✓チェック　日常生活において，ある日にちを他人に伝えるときに，併せて曜日を伝えることによって，冗長性が付加され，聞いた人が日にちと曜日がずれていることに気がつけば伝達に誤りがあることがわかる．ただし，日にちと曜日のどちらが誤りかまではわからない．これと似ている．

2.6.1 パリティ検査（parity check）方式

この方式では，一定ビット長のデータにパリティビットとよばれる 1 ビットの検査ビットを付加する．全体の "1" の個数が偶数になるようにパリティビットの値を決める偶数パリティ（even parity）方式と，全体の "1" の個数が奇数になるようにパリティビットの値を決める奇数パリティ（odd parity）方式がある．データを受けとったときに 1 の個数を数えて，偶数あるいは奇数がずれている場合に誤りがあることが検出できる．したがって，どちらの方式でもデータ中に奇数個の誤りが存在すると誤りを検出でき，偶数個の誤りは検出できない．この方式は，通信や処理の過程において，誤りが生じても高々 1 ビットの誤りであり，2 ビット以上の誤りが生じる確率はきわめて少ないとの前提において有効な方式である．実用上，この前提は正しい．

偶数パリティの例：
```
    データ　　パリティビット
    0010110      1         "1"の数 = 4（偶数）
    0010100      0         "1"の数 = 2（偶数）
```

2.6.2　2 out of 5 コード

表 2.5 に示すように，5 ビット中の 2 ビットが "1" であるようなコードを 2 out of 5 コードとよぶ．"1" の個数が 2 でなければ誤りがあることになる．BCD コードが 4 ビットで表されるのに対して，5 ビットを使うことに注意してほしい（冗長性付加の 1 ビットが使われている）．

この方式も，誤りが生じても高々 1 ビットの誤りであるとの前提において有効な方式である．

表 2.5　2 out of 5 コード

10 進数	コード
0	11000
1	00011
2	00101
3	00110
4	01001
5	01010
6	01100
7	10001
8	10010
9	10100

2.7　誤り訂正のできるコード

パリティビット方式では誤りが存在するということは検出できるが，誤りの発生したビットの位置を特定することはできない．誤り訂正のできるコードは，誤りの有無だけでなく，誤りのビット位置を特定できるコードである．ビットは，0 か 1 であるので，特定されたビットを反転すれば訂正できる．

2.7.1　水平垂直パリティ方式

2.6.1 項で説明した一定ビット長のデータ（これをワードとよぶ）に付加するパリティビットを水平パリティビットとよぶ．ワードを一定数並べて，各ワードの同一ビット位置のビット群に付加したパリティビットを垂直パリティビットとよぶ．図 2.2 に

```
                    1 1 0 1 0 0 0 | 1    水平パリティ
                    0 0 1 1 1 1 0 | 0    （偶数パリティ）
                    1 0 1 0 0 1 1 | 0
                    0 0 0 0 0 1 0 | 1
                    0 1 0 0 1 1 1 | 0
                    1 1 1 1 1 0 1 | 0
                    1 1 0 0 0 0 0 | 0
                    1 0 0 1 1 1 1 | 1
                    ----------------
垂直パリティ         1 0 1 0 0 1 0 | X
（偶数パリティ）
```

図 2.2 水平垂直パリティの例

例を示す．すべての垂直パリティビットでワードとなる．垂直パリティビットのワードの水平パリティビット X は使用されず，0 でも 1 でもよい（これを don't care bit という）．この水平パリティビットと垂直パリティビットを組み合わせた方式を水平垂直パリティ方式とよび，1 ビットだけの誤りならば水平パリティと垂直パリティの両方で一つずつ誤りが検出され，その交点の位置のビットが誤りであることがわかる．これにより誤りの訂正が可能である．また，2 ビットの誤りを検出できる．

2.7.2　ハミングコード方式

単一誤り訂正符号である．ハミングコード（Hamming code）の一般的な原理には触れないで，ここでは，4 ビットの 2 進数をデータとする場合だけを説明する．

まず，通信や処理におけるビット位置を以下のように配置する．2 進数の最下位ビットの位置をビット位置①に対応させる．4 ビットの場合のビット位置と重みの関係は次のようになる．

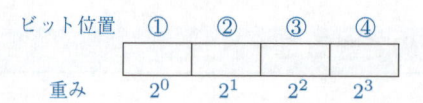

ビット位置	①	②	③	④
重み	2^0	2^1	2^2	2^3

2 進数を $b_3 b_2 b_1 b_0$（$b_3 \times 2^3 + b_2 \times 2^2 + b_1 \times 2^1 + b_0 \times 2^0$）と表すとき，各桁のビット位置は次のようになる．

ビット位置	①	②	③	④
	b_0	b_1	b_2	b_3

ハミングコードは，4 個のデータビット b_3, b_2, b_1, b_0 に 3 個のパリティビット p_1, p_2, p_4 を加えて，7 ビットのコードにしたものである．このとき，7 ビットのハミングコードのビット位置に対して，データビットとパリティビットを次のように配置する．

ビット位置	①	②	③	④	⑤	⑥	⑦
	p_1	p_2	b_0	p_4	b_1	b_2	b_3

ここで，ハミングコードに配置したときのデータビットを x で表すことにする．すなわち，$x_3 = b_0$, $x_5 = b_1$, $x_6 = b_2$, $x_7 = b_3$ とおくことにする．

ビット位置	①	②	③	④	⑤	⑥	⑦
	p_1	p_2	x_3	p_4	x_5	x_6	x_7

3個のパリティビット p_1, p_2, p_4 の値（0か1）は次の方法で決める．

(1) ビット位置①のパリティビット p_1 は，ビット位置①③⑤⑦のビットグループに対して偶数パリティを満たすように決める．すなわち，次式が満たされる．

$$Q_1 = p_1 + x_3 + x_5 + x_7 = 0 \pmod{2}$$

(2) ビット位置②のパリティビット p_2 は，ビット位置②③⑥⑦のビットグループに対して偶数パリティを満たすように決める．すなわち，次式が満たされる．

$$Q_2 = p_2 + x_3 + x_6 + x_7 = 0 \pmod{2}$$

(3) ビット位置④のパリティビット p_4 は，ビット位置④⑤⑥⑦のビットグループに対して偶数パリティを満たすように決める．すなわち，次式が満たされる．

$$Q_4 = p_4 + x_5 + x_6 + x_7 = 0 \pmod{2}$$

このようにハミングコードを作成すると，1ビットの誤りに対して誤りのビット位置を見つけることができる．ハミングコードを受信したときに Q_4, Q_2 および Q_1 を求めると，2進数 $(Q_4 Q_2 Q_1)_2$ を10進数に変換した値，すなわち

$$X = Q_4 \times 2^2 + Q_2 \times 2^1 + Q_1 \times 2^0$$

が誤りのビット位置を与える．

|| 例 || データビット $= 0101_2$

$Q_1 = p_1 + 1 + 0 + 0 = 0 \pmod{2} \Rightarrow p_1 = 1$
$Q_2 = p_2 + 1 + 1 + 0 = 0 \pmod{2} \Rightarrow p_2 = 0$
$Q_4 = p_4 + 0 + 1 + 0 = 0 \pmod{2} \Rightarrow p_4 = 1$

であるから，ハミングコードは次のようになる．

1011010

たとえば，このコードのビット位置⑤に誤りが発生し，1011110が受信されたものとする．このとき Q_1, Q_2, Q_4 を求めると，$Q_1 = 1$, $Q_2 = 0$, $Q_4 = 1$ であるか

ら，$X = (Q_4Q_2Q_1)_2 = (101)_2 = 5_{10}$ となり，ビット位置 ⑤ に誤りが発生したことを見つけることができ，それを反転すれば誤りが訂正でき，訂正後のビットパターンは 1011010 となる．

> ☑チェック　「誤り検出可能」と「誤り訂正可能」との違いを確実に理解してほしい．

各種の記憶装置においては，記憶されているビットの一つが故障したり，不正な動作をしたりすることによる誤りの発生を完全に防止することは不可能である（もちろん誤りの発生する確率は小さい）．しかし，コンピュータは重要なデータを扱うので，記憶装置から読み出したデータに誤りがないかどうか調べることは，システムの信頼性という点で重要な問題である．読み出したデータが正しいかどうかを専用の電子回路でチェックするために，パリティビットやハミングコードなどの誤り検出/訂正符号が使われる．一般に，誤りが検出されると再度読み出す（リトライという）．一定回数のリトライを繰り返しても，誤りが解消されない場合は，オペレーティングシステムやアプリケーションプログラムに通知されて，異常処理が行われる．

> **アドバンス**　4個のパリティビットを使うと，15ビットのハミングコード（この場合データビットの最大ビット数は 11）を作成できる．パリティビットの位置は ① ② ④ ⑧ である．5個のパリティビットを使うと，31ビットのハミングコード（この場合データビットの最大ビット数は 26）を作成できる．パリティビットの位置は ① ② ④ ⑧ ⑯ である．一般に，ハミングコードは n 個のパリティビットにより，$(2^n - 1)$ ビット中の1ビットの誤り位置を検出できる（訂正できる）．ビット数が増えるに従って，データビット数に対するパリティビット数の割合が低下する．$2^k (k = 0, 1, \ldots)$ で表される数の位置がパリティビットの位置になる．

演習問題2

2.1 コードに関する次の設問に答えよ．
(1) 12ビットで表されるコードは何種類あるか．
(2) アルファベットと数字を合わせた36種の文字のコードをつくるには，少なくとも何ビットのコードが必要になるか．

2.2 図2.3に示すように，垂直方向と水平方向にそれぞれ奇数パリティビットをつけた二つのデータがある．ここで，b_8 は垂直パリティビット，c_8 は水平パリティビットである．3箇所以上のビットが同時に誤りを起こすことはないと仮定したとき，それぞれのデータにおいて，誤りを起こした可能性のあるビットを丸で囲め．この図において，X は0でも1でもよいビット（don't care bit）を表す．

(1)	c_1	c_2	c_3	c_4	c_5	c_6	c_7	c_8
b_1	1	1	0	1	1	1	0	0
b_2	0	0	0	0	0	0	1	0
b_3	1	1	0	0	0	0	1	0
b_4	1	1	0	1	0	1	1	1
b_5	0	0	0	0	1	1	0	1
b_6	0	0	0	0	1	1	1	0
b_7	1	1	1	1	1	0	0	1
b_8	1	0	0	0	0	1	1	X

(2)	c_1	c_2	c_3	c_4	c_5	c_6	c_7	c_8
b_1	1	1	1	0	1	1	0	0
b_2	0	0	0	1	0	1	1	0
b_3	0	0	0	1	0	1	0	1
b_4	1	0	1	1	0	1	0	1
b_5	0	1	1	0	1	1	0	1
b_6	0	1	1	1	1	1	0	0
b_7	1	0	0	0	1	0	1	0
b_8	0	0	1	0	0	1	1	X

図2.3

2.3 図2.4のビットデータにおいて，b_8 および c_9 はそれぞれ，垂直パリティビットおよび水平パリティビットである．垂直方向，水平方向ともに偶数パリティを採用するものとして，パリティビットを記入せよ．

また，この図において，次に示すビット位置に誤りが発生したとき，水平垂直パリティチェックで誤りの発生を検出あるいは訂正可能であるか．誤りを訂正できる場合には◎，誤りを検出できるが訂正はできない場合には○，誤りを検出できない場合には×をそれぞれの□内に記入せよ．

☐ (1) c_2b_3 と c_6b_3 の誤り

☐ (2) c_4b_1 と c_4b_8 の誤り

☐ (3) c_3b_2 と c_3b_7 と c_7b_2 と c_7b_7 の誤り

☐ (4) c_1b_4 と c_1b_6 と c_5b_5 と c_5b_6 の誤り

☐ (5) c_2b_2 の誤り

	c_1	c_2	c_3	c_4	c_5	c_6	c_7	c_8	c_9
b_1	0	0	1	1	0	1	0	1	
b_2	1	1	0	1	0	0	1	0	
b_3	0	1	1	0	1	0	1	1	
b_4	0	0	1	1	0	1	1	0	
b_5	1	1	1	0	0	1	0	1	
b_6	1	0	0	1	0	1	0	0	
b_7	0	1	0	1	1	0	1	0	
b_8									X

図 2.4

2.4 数値計算の誤差に関する次の記述中の空欄に入れるべき適当な字句を解答群の中から選べ．

(1) 計算機システムにおける数値の代表的な表現形式として，（ a ）形式と（ b ）形式とがある．（ a ）形式は，添字やカウンタなどに主として用いられ，科学技術計算等の数値計算には，（ b ）形式が用いられる．

(2) （ b ）形式の利点は，決められたバイト数（たとえば 4 バイト）の中で，比較的広範囲の数値を表現できること，（ c ）をある程度保持しながら計算できることである．しかし，この形式を用いた計算では，計算の順序等によって情報落ちや（ d ）が発生することがある．たとえば，絶対値の大きな数と絶対値の小さな数との間で加減算を行うと，絶対値の（ e ）数が事実上無視されてしまうことがある．これを情報落ちという．したがって，級数の和など，多くの項の総和を計算する場合には，絶対値の（ e ）数から順に加えていくほうが誤差を小さくできる．また，（ f ）数値の（ g ）を行うと，（ c ）が少なくなる．これを（ d ）という．

・a および b に関する解答群
　ア 2 進数　　イ 10 進数　　ウ 固定小数点　　エ 小数点　　オ 浮動小数点　　カ 補数
・c および d に関する解答群
　ア あふれ　　イ 桁あふれ　　ウ 桁落ち　　エ 指数の値　　オ 正規化
　カ 無効桁数　　キ 有効桁数
・e～g に関する解答群
　ア 大きな　　イ 小さな　　ウ かけはなれた　　エ 差がゼロの　　オ ほぼ等しい
　カ 加算　　キ 減算　　ク 加減算　　ケ 乗除算

a	b	c	d	e	f	g

2.5 10 進数の 1 桁を 1 バイトのコードで表現したものにゾーン 10 進数がある．各桁を表すバイトは 4 ビットのゾーン部と 4 ビットの数値部からなる．最下位桁以外のゾーン部は 1111 である．また，最下位桁のゾーン部は符号を示し，正ならば 1100，負ならば 1101 である．数値部には BCD コード（4 ビットの 2 進数）を入れる．

ゾーン部	数値部	ゾーン部	数値部	………………	ゾーン部	数値部

‖ 例 ‖ +238

1111	0010	1111	0011	1100	1000
	2		3	+	8

-107 をゾーン 10 進数で表せ.

第3章　論理関数

コンピュータを構成するハードウェアの主要部分を占めるのは，論理的な機能をもつ回路，すなわち論理回路である．ここでは，論理回路を設計したり論理動作を解析したりする方法の基礎を学ぶ．

3.1　基本的な論理演算の概念

あらゆる事柄を"真"と"偽"のいずれかで表現する考え方を論理という．"真"と"偽"の組合せからなる情報を処理する計算方法を論理演算とよぶ．"真"と"偽"を2進数の"1"と"0"に対応させて，これらを使用することが多い．最初に，基本的な論理演算である論理積，論理和と論理否定の概念を説明する．

3.1.1　論理積

3個のスイッチ A, B, X を使った図3.1(a)の回路を考える．ただし，スイッチ X はコイルに電流が流れるとオンになるようにつくられている．3個のスイッチの関係は図3.1(b)のようになる．この表に示す関係を論理積あるいはANDとよび，「X は A と B の論理積である」という．単に，積という場合もある．一般的にはオンのかわりに"1"，オフのかわりに"0"とおいて，この関係を表3.1のように表す．このような表を真理値表という．

真理値表において，X は二つの変数 A と B の関数であると考えて，論理積を次式で表す．このような変数を論理変数とよぶ．ただし，通常の代数的乗算と同様に，"·"

A	B	X
オフ	オフ	オフ
オフ	オン	オフ
オン	オフ	オフ
オン	オン	オン

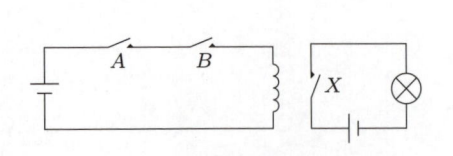

（a）AND論理を説明するための回路　　（b）スイッチの関係

図3.1　AND論理の概念

表 3.1　AND 論理の真理値表

A	B	X
0	0	0
0	1	0
1	0	0
1	1	1

は省略してもよい．

$$X = A \cdot B \quad \text{または} \quad X = AB$$

3.1.2　論理和

3 個のスイッチ A, B, X を使った図 3.2(a) の回路を考える．ただし，スイッチ X はコイルに電流が流れるとオンになるようにつくられている．3 個のスイッチの関係は図 3.2(b) のようになる．この表に示す関係を論理和あるいは OR とよび，「X は A と B の論理和」であるという．単に，和という場合もある．一般的にはオンのかわりに "1"，オフのかわりに "0" とおいて，論理和の真理値表を表 3.2 のように表す．

二つの変数 A と B の論理和を次式で表す．この場合は，"+" は省略してはならない．

$$X = A + B$$

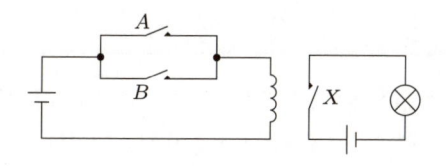

A	B	X
オフ	オフ	オフ
オフ	オン	オン
オン	オフ	オン
オン	オン	オン

（a）OR 論理を説明するための回路　　（b）スイッチの関係

図 3.2　OR 論理の概念

表 3.2　OR 論理の真理値表

A	B	X
0	0	0
0	1	1
1	0	1
1	1	1

3.1.3 論理否定

図 3.3 に示す回路を考える．この回路ではスイッチ X はコイルに電流が流れるとオフになるようにつくられている．したがって，スイッチ A がオンのときスイッチ X はオフ，スイッチ A がオフのときスイッチ X はオンとなる．このような関係を論理否定あるいは NOT とよび，「X は A の論理否定である」という．単に，否定という場合もある．論理否定の真理値表は表 3.3 のようになる．A の論理否定を次式で表す．

$$X = \overline{A}$$

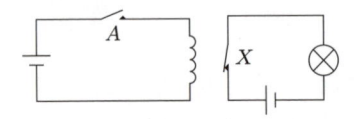

図 3.3　NOT 論理を説明するための回路

表 3.3　NOT 論理の真理値表

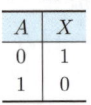

A	X
0	1
1	0

3.1.4 コンピュータと論理演算

コンピュータが扱うプログラムやデータは，0 と 1 からなる 2 進符号で表される．したがって，コンピュータ内での処理は 2 進符号に対する論理操作を繰り返したものである．どんなに複雑な論理操作も，AND と OR と NOT という基本的な論理演算の組合せで実現可能である．

3.2　論理関数

論理変数を論理演算子（$+$ や $\cdot$）で結びつけたものを論理関数あるいは論理式とよぶ．論理関数では，論理変数がとることができる値は，1 と 0 の二つだけ（2 値変数）であり，論理関数がとることができる値も，1 と 0 の二つだけ（2 値関数）である．

論理関数の例：　$X = A \cdot B + \overline{A}$

　　1 または 0　　1 または 0　　1 または 0

これに対して，通常の関数 $z = f(x, y)$ においては，変数 x，y も関数の値 z も，一般には連続した値をとりうる．また，関数 f の形（種類）も無数にありうる．

ここで，2 変数の場合を考える．このとき，

　　論理変数のとりうる値の組合せは，$2^2 = 4$ 通り

　　論理関数の種類は，$2^4 = 16$ 通り

となる．2 変数の場合における 16 通りの論理関数を具体的に示したものが表 3.4 である．この表の中の ② は AND, ⑧ は OR である．この章ではこのほかに ⑦, ⑨, ⑮ を学ぶ．

表3.4　2 変数の場合の 16 通りの論理関数

論理変数		論理関数															
A	B	①	②	③	④	⑤	⑥	⑦	⑧	⑨	⑩	⑪	⑫	⑬	⑭	⑮	⑯
0	0	0	0	0	0	0	0	0	0	1	1	1	1	1	1	1	1
0	1	0	0	0	0	1	1	1	1	0	0	0	0	1	1	1	1
1	0	0	0	1	1	0	0	1	1	0	0	1	1	0	0	1	1
1	1	0	1	0	1	0	1	0	1	0	1	0	1	0	1	0	1

論理演算の実行優先順位は

　　論理否定 ⇒ 論理積 ⇒ 論理和

である．括弧があれば，括弧の中の演算を先に実行する．

> ☑ チェック
>
> 1 変数の場合：論理変数のとりうる値の組合せは，2 通り（1 か 0）
> 　　　　　　　論理関数の種類は，$2^2 = 4$ 通り（各変数値に対して関数値が 1 か 0）
> 3 変数の場合：論理変数のとりうる値の組合せは，$2^3 = 8$ 通り
> 　　　　　　　論理関数の種類は，$2^8 = 256$ 通り

論理関数の形がどのようなものであるかは，とりうるすべての論理変数値の組合せに対して，論理関数がどのような値をとるかを示した表で規定できる（通常の関数ではこのような表し方はできない）．このような表も真理値表とよばれる．論理関数は真理値表で表現できる．たとえば，論理式 $X = A \cdot B + \overline{A}$ の実体がどのようなものであるかは，表 3.5 の真理値表で知ることができる．

表3.5　論理関数の真理値表の例

A	B	$A \cdot B$	$\overline{A}$	$X = A \cdot B + \overline{A}$
0	0	0	1	1
0	1	0	1	1
1	0	0	0	0
1	1	1	0	1

　　　　　　　↗　　　↑　　　↖
　　　A と B の積　A の否定　$A \cdot B$ と $\overline{A}$ の和

二つの論理式の真理値表が同じであれば，これらの式は等しいといえる．この関係を使って論理式が成り立つことを証明することができる．

‖例‖ $A + \overline{A} \cdot B = A + B$ が成立することは，表 3.6 の真理値表を完成させることによって示される．

表 3.6　例の真理値表

A	B	$\overline{A}$	$\overline{A} \cdot B$	$A + \overline{A} \cdot B$	$A + B$
0	0	1	0	0	0
0	1	1	1	1	1
1	0	0	0	1	1
1	1	0	0	1	1

3.3　基本的な論理ゲート

3.3.1　記　号

基本的な論理演算機能をもつ論理回路を論理ゲート (logic gate) という．論理ゲートには AND ゲート，OR ゲート，NOT ゲートなどがある．実際の論理ゲートはトランジスタやダイオードを使ってつくられるが，ここでは論理ゲートの内部構造には立ち入らない．論理ゲートを表す記号を図 3.4 に示す．各記号において，左側は入力 (input)，右側は出力 (output) である．NOT ゲートをインバータ (inverter) ともいう．

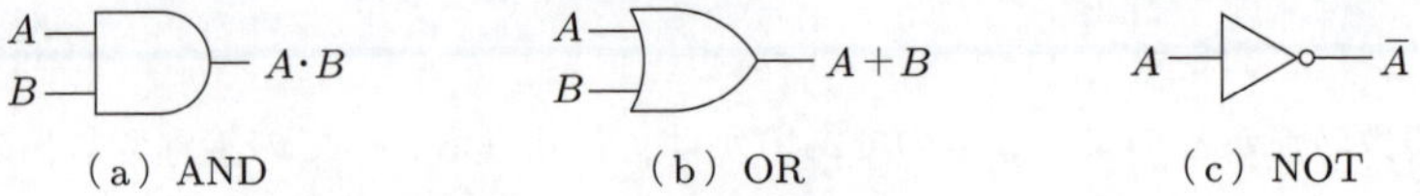

　　　(a) AND　　　　　　　(b) OR　　　　　　　(c) NOT

図 3.4　論理ゲートの記号

AND ゲートには，入力信号を制御信号によって通過させたり遮断したりする働きがある．図 3.5 に示すように，A を入力信号，C を制御信号とすると，C が "1" であれば入力信号はそのまま X に出力されるが，C が "0" であれば A に無関係に X には "0" が出力される（入力信号が遮断される）．OR ゲートの働きは，各自で考えてみよう．

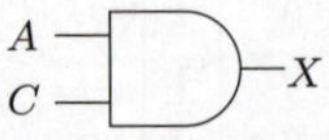

図 3.5　AND ゲートによる入力信号の伝送制御

3.3.2 多入力の AND ゲートおよび OR ゲート

図 3.6 に示すように，n 個の論理変数 $A_1, A_2, \ldots, A_n$ に対して論理積

$$X_1 = A_1 \cdot A_2 \cdot \cdots \cdot A_n$$

は，変数のすべてが "1" のときに "1" になる．また，論理和

$$X_2 = A_1 + A_2 + \cdots + A_n$$

は，少なくとも一つの変数が "1" のとき "1" になる．

図 3.6　多入力の AND ゲートと OR ゲート

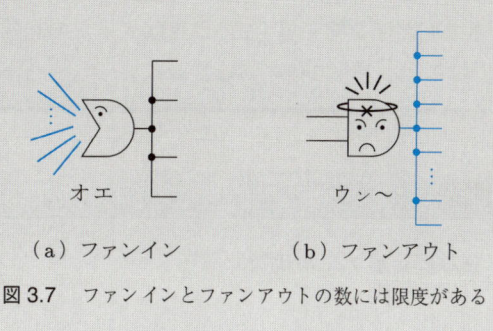

アドバンス　ゲートに接続できる入力端子数をファンイン (fan–in) といい，ゲートの出力端子から接続できる次段のゲート数をファンアウト (fan–out) という．扇 (fan) のように広がっていることからファンイン，ファンアウトとよばれる．これらの最大数は，電子部品としてのゲートでは決まっている（図 3.7 参照）．

（a）ファンイン　　（b）ファンアウト

図 3.7　ファンインとファンアウトの数には限度がある

3.3.3 論理回路図の描き方

論理式を論理回路図に描くと，論理変数と論理式（論理関数）の値はそれぞれ入力および出力に対応する．論理回路は，論理ゲートを相互に接続することによって構成される．論理ゲートの接続関係を図に示したものが，論理回路の回路図である．誤解が生じる恐れがないときには，この回路図を単に論理回路とよぶことにする．

NOT ゲートをきちんと描くかわりに，簡略化した表記法を用いることも多い．こ

の方法ではゲートの入力否定を小丸で表す．図 3.8 に例を示す．また，図 3.9 に例を示すように，入力を一つにまとめると配線の交差が起こるが，交差と結合（分岐）の違いを黒丸で区別する．

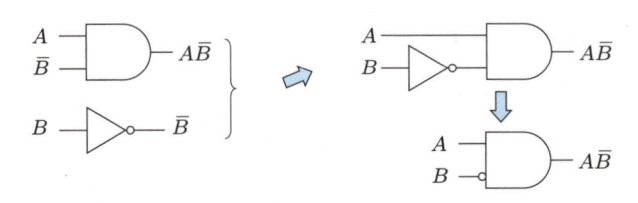

図 3.8　NOT ゲートの簡略化した表記法

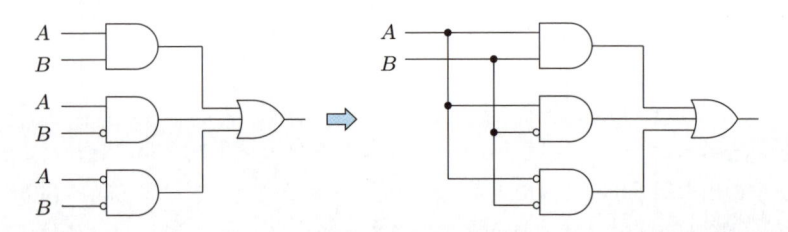

図 3.9　論理回路図の描き方

> ✅ チェック　手書きで回路図を描く場合に，AND ゲートの記号と OR ゲートの記号とを明確に区別できるように描いてほしい．

3.4　ブール代数

論理演算の基礎となる理論がブール代数である．

3.4.1　公理

公理とは，証明を必要とせず自明の真として承認され，他の命題（定理）の前提となる基本命題である．ブール代数では以下の 10 個の公理がある．公理の成立は真理値表によって確認できる．

① $A + 0 = A$　　　　　　　② $A \cdot 1 = A$

③ $A + B = B + A$　　　　　④ $A \cdot B = B \cdot A$

⑤ $A + (B + C) = (A + B) + C$　⑥ $A \cdot (B \cdot C) = (A \cdot B) \cdot C$

⑦ $A \cdot (B+C) = A \cdot B + A \cdot C$ ⑧ $A + B \cdot C = (A+B) \cdot (A+C)$
⑨ $A + \overline{A} = 1$ ⑩ $A \cdot \overline{A} = 0$

これらの公理には名前がつけられている．①と②は恒等則，③と④は交換則，⑤と⑥は結合則，⑦と⑧は分配則，⑨と⑩は補元則とよばれる．

3.4.2 定理

定理は，公理あるいはすでに証明された定理を使って証明された命題である．公理と定理を用いて，複雑な論理式を簡単化することができる．以下の定理と，後で述べるド・モルガンの定理が知られている．

⑪ $A + A = A$ ⑫ $A \cdot A = A$
⑬ $A + 1 = 1$ ⑭ $A \cdot 0 = 0$
⑮ $\overline{\overline{A}} = A$
⑯ $A + A \cdot B = A$ ⑰ $A \cdot (A + B) = A$
⑱ $A + \overline{A} \cdot B = A + B$ ⑲ $A \cdot (\overline{A} + B) = A \cdot B$

これらの定理にはやはり名前がつけられている．⑪と⑫は冪等則，⑬と⑭は帰無則，⑮は復元則，⑯，⑰，⑱，⑲は吸収則とよばれる．

3.4.3 論理式の双対性

ブール代数の公理や定理において，

$$\cdot \to + \quad + \to \cdot \quad 0 \to 1 \quad 1 \to 0$$

をすべて置き換えた式が成立する．このような性質を論理式の双対性という．

|| 例 || $A \cdot \overline{A} = 0$ $A \cdot (B+C) = A \cdot B + A \cdot C$
           ↓   ↓   ↓   ↓   ↓   ↓   ↓
           $A + \overline{A} = 1$ $A + B \cdot C = (A+B) \cdot (A+C)$

3.4.4 定理の証明例

定理⑱ $A + \overline{A} \cdot B = A + B$ は公理を使って次のように証明できる．

$A + \overline{A} \cdot B = (A + \overline{A}) \cdot (A + B)$ 　　　　　公理⑧

$$= 1 \cdot (A + B) \qquad \text{公理⑨}$$
$$= A + B \qquad \text{公理②,④}$$
$$\therefore \quad 左辺 = 右辺$$

> **アドバンス** ▶ 定理は，公理と先に証明した定理を使用してすべて証明できる．やってみてほしい．

● 3.4.5 公理と定理による論理式の簡単化

論理式は公理や定理を用いて自由に変形できるので，与えられた論理関数を論理回路として実現する方法は無数にあるといえる．そこで，無数の方法の中から最適なものを選び出す必要がある．ブール代数はそのための道具として役立つ．たとえば，論理式 $AB + A\overline{B} + \overline{A}\,\overline{B}$ は次のように簡単化される．

$$AB + A\overline{B} + \overline{A}\,\overline{B} = AB + \overline{B}(A + \overline{A}) \qquad \text{公理⑦}$$
$$= AB + \overline{B} \qquad \text{公理⑨}$$
$$= A + \overline{B} \qquad \text{定理⑱}$$

ここで，簡単化する前の式 $X_1 = AB + A\overline{B} + \overline{A}\,\overline{B}$，および簡単化後の式 $X_2 = A + \overline{B}$ のそれぞれを論理回路図で表すと，図 3.10 のようになる．論理式を簡単化することによって，同じ機能をもった論理回路がより少ない数の論理ゲートを使って構成されうることがわかる．より少ない数の論理ゲートで回路をつくることは，経済的であるばかりではなく，論理演算の実行を高速化する点でも有利である．したがって，論理関数を論理回路で実現しようとするとき，関数の表現式ができるだけ簡単になっていることが望まれる．ここでは，簡単化の厳密な定義には触れないで，簡単化を次のよう

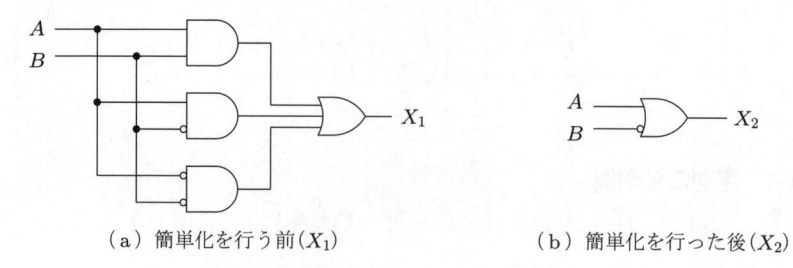

（a）簡単化を行う前 (X_1) 　　　　（b）簡単化を行った後 (X_2)

図 3.10　論理式の簡単化

に考えることにする．

簡単化の目標：論理ゲート（AND，OR など）の数が最少になるような論理回路を
得ること

例題 3.1 $X = AC + \overline{A}BC + A\overline{C} + \overline{A}B\overline{C}$ を簡単化せよ．

解 $X = A(C + \overline{C}) + \overline{A}B(C + \overline{C}) = A + \overline{A}B = A + B$

> ✓チェック　$(A+B) \cdot (\overline{A+B}) = 0$，$A \cdot B + \overline{A \cdot B} = 1$ であるのに対して，特別の場合を除けば $(A+B) \cdot (\overline{A} + \overline{B}) \neq 0$，$A \cdot B + \overline{A} \cdot \overline{B} \neq 1$ となることを確認してみよう．

3.5　標準形

● 3.5.1　加法標準形と乗法標準形

論理変数の論理積の論理和を <u>加法標準形</u> という．逆に，論理和の論理積を <u>乗法標準形</u> という．

　　加法標準形の例：$ABC + AB\overline{C} + \overline{A}\overline{B}$

　　乗法標準形の例：$(A+B) \cdot (A+B+\overline{C}) \cdot (\overline{A} + \overline{B})$

● 3.5.2　主加法標準形と主乗法標準形

使用するすべての論理変数またはその否定の論理積からなる項を <u>最小項</u>（minterm）という．3 変数 A，B，C のとき，最小項は合計 8 項あり，ABC，$AB\overline{C}$，$A\overline{B}\overline{C}$ などがその例である．

逆に，すべての論理変数またはその否定の論理和からなる項を <u>最大項</u>（maxterm）という．3 変数 A，B，C のとき，最大項も合計 8 項あり，$A+B+C$，$A+B+\overline{C}$，$A+\overline{B}+\overline{C}$ などがその例である．

最小項の論理和を <u>主加法標準形</u> とよぶ．また，最大項の論理積を <u>主乗法標準形</u> とよぶ．

　　主加法標準形の例：$ABC + AB\overline{C} + \overline{A}\,\overline{B}C + \overline{A}\,\overline{B}\,\overline{C}$

　　主乗法標準形の例：$(A+B+C) \cdot (A+B+\overline{C}) \cdot (\overline{A}+\overline{B}+C)$

すべての最小項からなる主加法標準形は 1 となり，逆にすべての最大項からなる主

乗法標準形は 0 となる．これも双対性が成り立つ例である．

> **✓チェック**　"主"のつく標準形とつかない標準形の違いを確認してほしい．

3.6　論理式の図的な解析

3.6.1　ベン図

論理式を図 3.11 のように図的に表すことができる．このような図をベン図（Venn diagram）という．この図をみると，すべての論理変数またはその否定の論理積からなる項を最小項，すべての論理変数またはその否定の論理和からなる項を最大項という理由がわかると思う．また，ベン図が等しい論理式は等しいので，図 3.11 の (a) と (c) から $A + \overline{A} \cdot B = A + B$ が成立していることがわかる．

(a) $A + B$　　(b) $\overline{A} \cdot B$　　(c) $A + \overline{A} \cdot B$

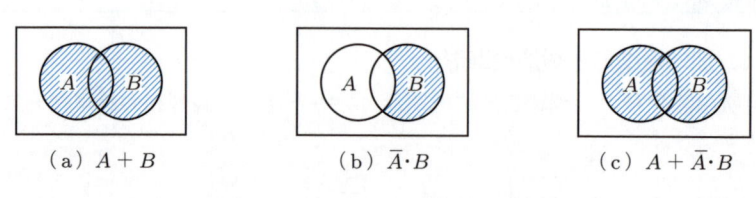

図 3.11　論理式のベン図による表現例

変数の数が増えて複雑な式になると，ベン図では表しにくい．そこで，ベン図にかわって次のカルノー図（Karnaugh map）などが考案されている．本書では，もっぱらカルノー図を使用する．

3.6.2　カルノー図

（1）2 変数（A と B）の場合

全集合を表す長方形を上下に 2 分割し，下側の領域で集合 A を，上側の領域でそれの補集合を表すことに決める．また，全集合を表す長方形を左右に 2 分割し，右側の領域で集合 B を，左側の領域でそれの補集合を表すことにする．上下・左右の分割の結果，図 3.12 のように，長方形は 4 個の区画に分割される．各区画はそれぞれ，AB，$A\overline{B}$，$\overline{A}B$，$\overline{A}\overline{B}$ を表す．そして，この集合 A に論理変数 A を，集合 B に論理変数 B を対応させることができる．すると，各区画は最小項に対応している．

2 変数のカルノー図では，2 変数を上記のように割り当てる．カルノー図は図 3.13(a) に示すように表される．この図において，左欄に "1" と記された行は A を，"0" と記された行は $\overline{A}$ を表す．上欄に "1" と記された列は B を，"0" と記された列は $\overline{B}$ を表

図 3.12　2 変数 A と B の図的な表現

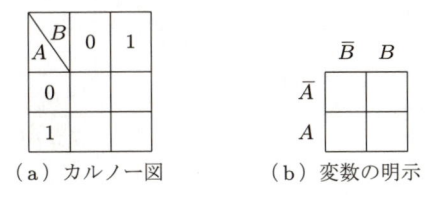

図 3.13　2 変数 A および B のカルノー図

す．変数を明示すると図 3.13(b) のようになる．

(2) 3 変数 (A, B, C) の場合

3 変数の場合のカルノー図を図 3.14(a) に示す．上欄に 00 と記された列は $\overline{B}\,\overline{C}$ を，01 と記された列は $\overline{B}C$ を，11 と記された列は BC を，10 とされた列は $B\overline{C}$ を表す．図 3.14(b) は，行と列のそれぞれの部分が表す変数を明示したものである．

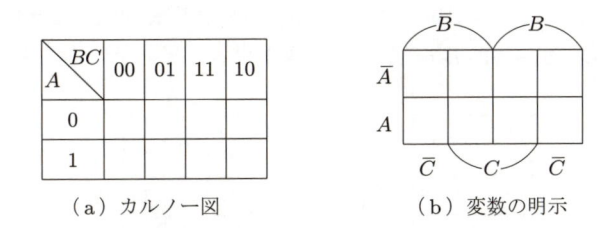

図 3.14　3 変数 A, B および C のカルノー図

> ✅チェック　図 3.14(a) では，変数が $00 \rightarrow 01 \rightarrow 11 \rightarrow 10$ という順になっている．これは，2.3 節で述べた交番 2 進コードと同じで，隣とは一方のビットの値が異なっていることに注意してほしい．$01 \rightarrow 10$ では両ビットの値が同時に変化するので，違っている．

(3) 4 変数 (A, B, C, D) の場合

4 変数の場合のカルノー図を図 3.15(a) に示す．また，図 3.15(b) は，行と列のそれぞれの部分が表す変数を明示したものである．

(a) カルノー図　　　　　　　　　　(b) 変数の明示

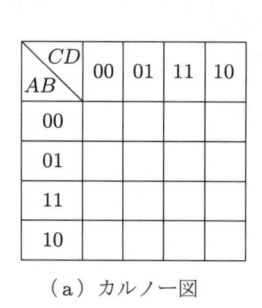

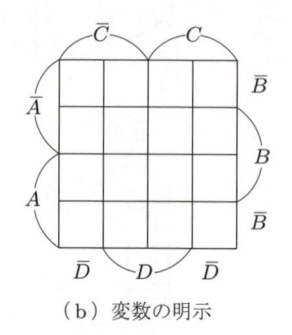

図 3.15　4 変数 A, B, C および D のカルノー図

3.6.3　カルノー図の使い方

論理式を加法標準形で表すと，その各項はカルノー図上の領域（区画あるいは区画の集まり）に対応する．この対応関係を示すために，論理式の各項に対応する領域に "1" を記入する．記入例を図 3.16 に示す．$\overline{A} \cdot B$ については左欄 0 の行と上欄 1 の列に対応する区画に "1" を記入する．A については，$A = A(B + \overline{B}) = AB + A\overline{B}$ であるから，AB と $A\overline{B}$ に対応する領域（左欄 1 の行の 2 区画）に "1" を記入する．$A + B$ についても同様である．図 3.16(a) および (b) では，"1" を記入した区画の全体が同じ領域を占めるから，$A + \overline{A} \cdot B = A + B$ が成立することを示している．

(a) $A + \overline{A}B$　　　　　　　　　(b) $A + B$

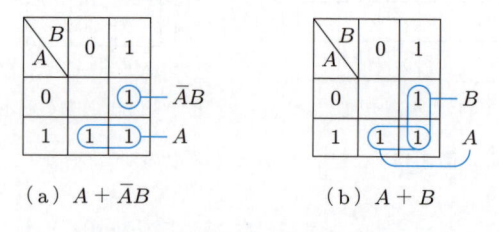

図 3.16　カルノー図による論理式の同定

カルノー図では，上辺と下辺，右辺と左辺はつながっていると考える．

カルノー図の各区画には，一つの最小項が対応する．また，各区画を除いた残りの区画（補集合，2 変数の場合には 3 区画，3 変数の場合には 7 区画）には，一つの最大項に対応する．これが，最小項，最大項という理由である．

✓チェック
カルノー図では，右辺と左辺，上辺と下辺はつながっている．このイメージを図 3.17 に示す．

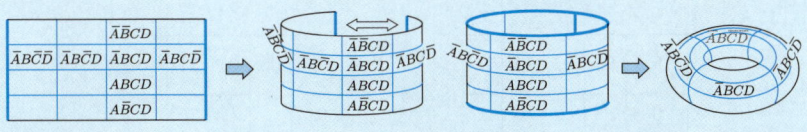

図 3.17　左右，上下両辺のつながったカルノー図

そして，それらのつながった辺をまたぐときでも，変数は 0110 → 0100，1011 → 0011 のように一つのビットの値だけが変化している．

● 3.6.4　カルノー図による論理式の簡単化
（1）領域の結合
図 3.18 のように，左右または上下の隣接する同じ大きさの領域を結合（統合）することができる．この図の例は，次のような式の変形を意味する．

$$A\overline{B}C + \overline{A}\,\overline{B}C = \overline{B}C(A + \overline{A}) = \overline{B}C$$

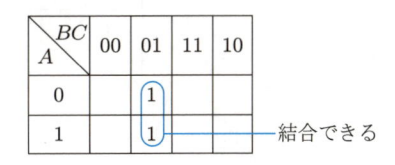

図 3.18　領域の結合が可能な例

このように変数 A がなくなるので，領域の結合は変数の減少，すなわち論理式の簡単化を実現する．

結合できる領域の数は，$2, 4, 8, \ldots$ である．

例題 3.2　図 3.19 に示すように，カルノー図に "1" が記入された状態のとき，領域の結合は可能か．また，可能ならば，式はどのように簡単化されるか．

A\\BC	00	01	11	10
0				1
1		1		

(a)

A\\BC	00	01	11	10
0				
1	1	1		1

(b)

A\\BC	00	01	11	10
0			1	1
1		1		

(c)

A\\BC	00	01	11	10
0				
1	1	1	1	1

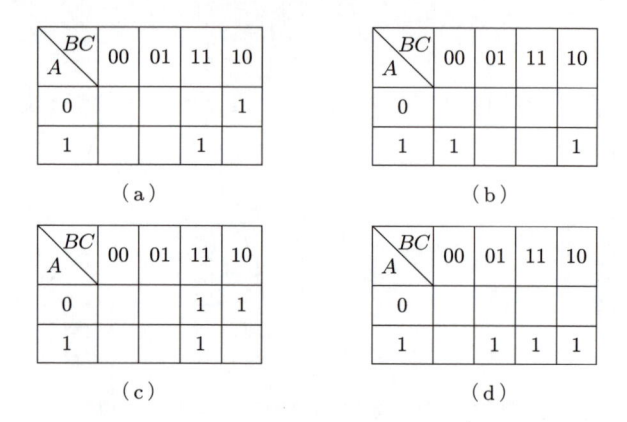

(d)

図 3.19　カルノー図の記入例

解　結合した図を図 3.20 に示す．(a) 結合できない．(b) $X = A\overline{C}$ となる．(c) $X = BC + \overline{A}B$ となる．(d) $X = AB + AC$ となる．

A\\BC	00	01	11	10
0				1
1		1		

(a)

A\\BC	00	01	11	10
0				
1	1	1		1

(b)

A\\BC	00	01	11	10
0			1	1
1		1	1	

(c)

A\\BC	00	01	11	10
0				
1	1	1	1	1

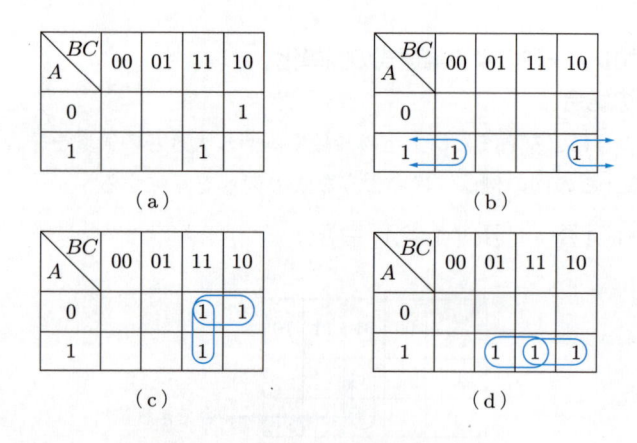

(d)

図 3.20　カルノー図における領域の結合

次に，領域結合による論理式簡単化の例を図 3.21 に示す．このように，できるだけ大きい領域に結合すると，より簡単化が進む．この例の領域結合は，次のような式の変換に相当する．

$$ABC + \overline{A}BC + AB\overline{C} + \overline{A}B\overline{C} = BC(A + \overline{A}) + B\overline{C}(A + \overline{A})$$
$$= BC + B\overline{C} = B(C + \overline{C}) = B$$

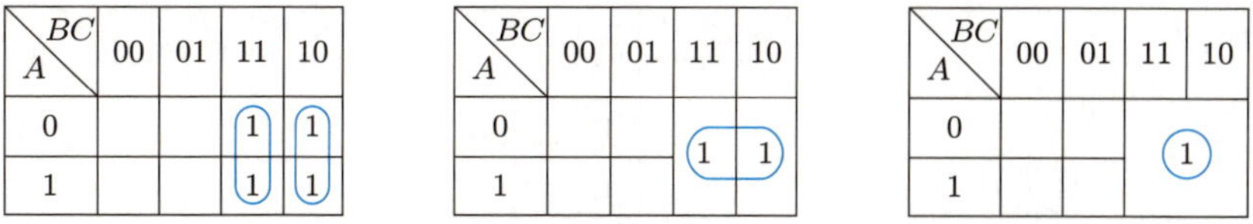

A\BC	00	01	11	10
0			1	1
1			1	1

A\BC	00	01	11	10
0			1	1
1				

A\BC	00	01	11	10
0				
1			1	

図 3.21　領域結合の例

（2）領域の分割

図 3.22 に示す例のように，二つ以上の区画からなる領域を分割できる（領域結合の逆過程）．この図の分割例は，次のような式の変換に相当する．

$$BC = BC \cdot 1 = BC(A + \overline{A}) = ABC + \overline{A}BC$$

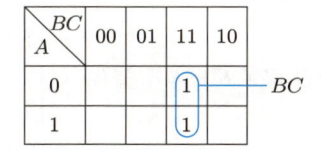

A\BC	00	01	11	10
0			1	
1			1	
　　　　　—BC

A\BC	00	01	11	10
0			1	
1			1	

図 3.22　領域分割の例

（3）領域の分割と再結合

領域の分割と再結合を組み合わせることによって論理式を簡単化することができる．このことを実例によって示すために，$X = AC + \overline{B}C + \overline{A}B$ を簡単化してみよう．この式の各項をカルノー図に記入すると，図 3.23 のようになる．

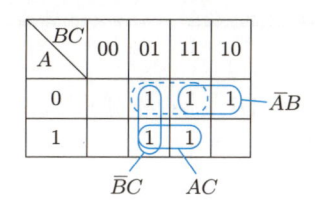

A\BC	00	01	11	10
0		1	1	1
1		1	1	
　　　　$\overline{B}C$　AC　　$\overline{A}B$

図 3.23　関数 $AC + \overline{B}C + \overline{A}B$ をカルノー図へ記入

簡単化の手順の一例を挙げる．
- このままでは領域の結合はできないが，点線で囲んだ領域があればこれを AC と結合できる．
- そこで，図 3.24 に示すように，$\overline{A}B$ と $\overline{B}C$ をそれぞれ分割して再結合することを考える．

BC\A	00	01	11	10
0		①	①	①
1		①	①	

⇒

BC\A	00	01	11	10
0		1	①	1
1		①	1	

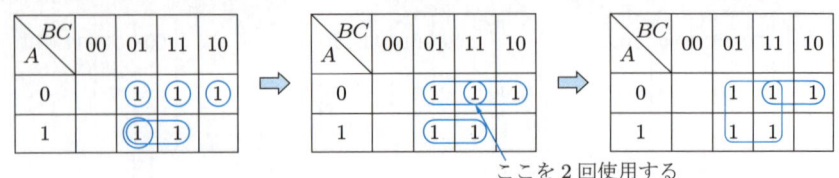

ここを2回使用する

⇒

BC\A	00	01	11	10
0		1	①	1
1		1	1	

図 3.24 領域の分割と再結合

図 3.24 に示す操作の手順は，次のような式の変換を行ったことに相当する．

$$
\begin{aligned}
X &= AC + \overline{B}C + \overline{A}B \\
  &= AC + \overline{B}C(A + \overline{A}) + \overline{A}B(C + \overline{C}) &&\text{分割} \\
  &= AC + A\overline{B}C + \overline{A}\,\overline{B}C + \overline{A}BC + \overline{A}B\overline{C} &&(\overline{A}BC \text{ を 2 回使う} \\
  & &&\text{ことに注意}) \\
  &= AC(1 + \overline{B}) + \overline{A}C(\overline{B} + B) + \overline{A}B(C + \overline{C}) &&\text{結合} \\
  &= AC + \overline{A}C + \overline{A}B \\
  &= C(A + \overline{A}) + \overline{A}B = C + \overline{A}B &&\text{結合}
\end{aligned}
$$

> **✓チェック** カルノー図から簡単な論理式を導くポイントは三つある．
> ① すべての "1"（の領域）を必ず 1 回は項に反映させる．
> ② なるべく大きく結合する．
> ③ 必要であれば "1" は複数の結合に使用してもよい．

例題 3.3 $AB + BC + \overline{A}C = AB + \overline{A}C$ を証明せよ．

　ヒント BC を分割し，再結合する．

解 左辺および右辺のカルノー図は，図 3.25 に示すように同じである．

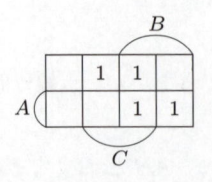

図 3.25 左右両辺のカルノー図

例題 3.4　$X = AB + AC + \overline{A}\,\overline{C} + BC$ を簡単化せよ．

解　結合した後のカルノー図を図 3.26 に示す．簡単化した論理式は

$$X = B + AC + \overline{A}\,\overline{C}$$

である．

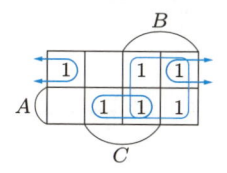

図 3.26　カルノー図

> ✓チェック　論理式簡単化の各種の解法を比較すると以下となる．場合によって使い分けるのがよい．
> ・ブール代数による方法：簡便だが，慣れないと難しい場合がある．
> ・真理値表による方法：確実だが，面倒である．
> ・カルノー図による方法：変数の数が 4 以下ならば強力な方法である．

3.7　NAND，NOR および XOR

あらゆる論理式の機能は，AND，OR，NOT の三つの論理ゲートによって実現できる．しかし，実際の論理回路では，これらに加えて NAND，NOR，XOR などの便利な論理ゲートもよく使われる．

● 3.7.1　NAND ゲート

論理積の否定を NAND（否定論理積）とよぶ．式では次のように表される．

$$X = \overline{A \cdot B}$$

NAND ゲートの記号と真理値表を図 3.27(a) および (b) にそれぞれ示す．

A	B	X
0	0	1
0	1	1
1	0	1
1	1	0

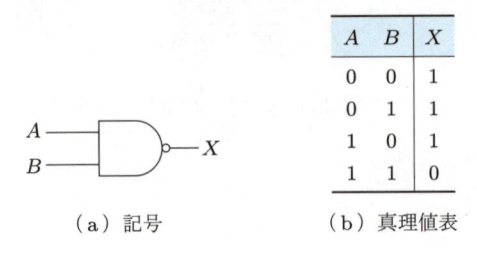

（a）記号　　　　（b）真理値表

図 3.27　NAND ゲート

3.7.2　NOR ゲート

論理和の否定を NOR（否定論理和）とよぶ．式では次のように表される．

$$X = \overline{A + B}$$

NOR ゲートの記号と真理値表を図 3.28(a) および (b) にそれぞれ示す．

A	B	X
0	0	1
0	1	0
1	0	0
1	1	0

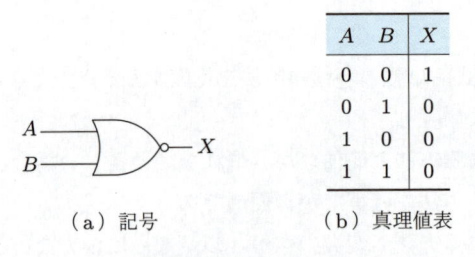

（a）記号　　　　（b）真理値表

図 3.28　NOR ゲート

3.7.3　NOT 回路の構成

ブール代数の定理 ⑪ と ⑫ において両辺の否定をとった式，すなわち

$$\overline{A + A} = \overline{A} \qquad \overline{A \cdot A} = \overline{A}$$

を利用すると，図 3.29 に示すように，NOR ゲートと NAND ゲートから NOT 回路を構成することができる．

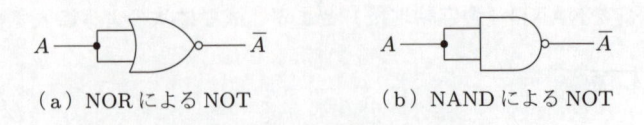

（a）NOR による NOT　　　（b）NAND による NOT

図 3.29　NOT 機能の実現

> **アドバンス** NAND または NOR ゲートは，どちらか一方だけを用いてすべての論理回路を構成できるという利点がある．このため，AND や OR にかわって NAND や NOR が広く用いられている．また，実際に電子部品としてゲートを製作する場合，NAND ゲートや NOR ゲートのほうが AND ゲートや OR ゲートよりもつくりやすく，動作が高速で，消費電力も少ない．

3.7.4 XOR

二つの入力が異なるときに "1"，同じときに "0" になる論理を排他的論理和（exclusive OR）とよぶ．XOR（エクスクルーシブオア）と略すことがある．XOR の記号と真理値表を図 3.30(a) および (b) にそれぞれ示す．2 変数 A, B の排他的論理和は，演算子 $\oplus$ を用いて，次のように表される．

$$X = A \oplus B = \overline{A} \cdot B + A \cdot \overline{B}$$

A	B	X
0	0	0
0	1	1
1	0	1
1	1	0

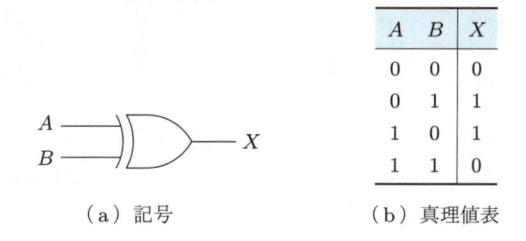

（a）記号　　　　　　（b）真理値表

図 3.30　XOR ゲート

> **チェック** 真理値表，論理関数，ベン図，カルノー図の対応関係は理解できただろうか？　ここまで勉強してきた君にとっておきの図 3.31 を進呈しよう．これを見てすべての対応関係を再確認しよう！

A B	X
0 0	0
0 1	0
1 0	0
1 1	0

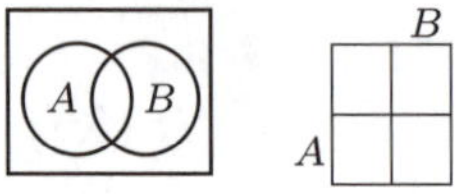

$X = 0$

論理関数①

A B	X
0 0	0
0 1	0
1 0	0
1 1	1

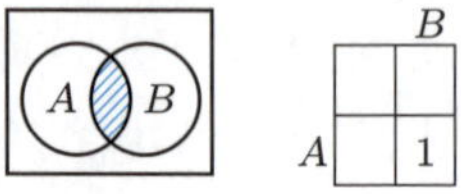

$X = A \cdot B$

論理関数② AND（論理積）

A B	X
0 0	0
0 1	0
1 0	1
1 1	0

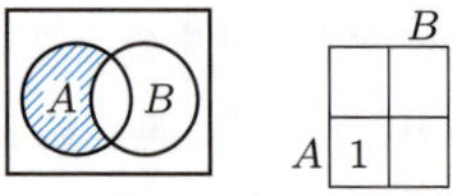

$X = A \cdot \overline{B}$

論理関数③

A B	X
0 0	0
0 1	0
1 0	1
1 1	1

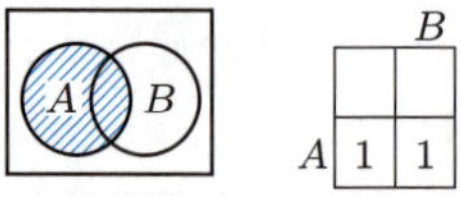

$X = A$

論理関数④

A B	X
0 0	0
0 1	1
1 0	0
1 1	0

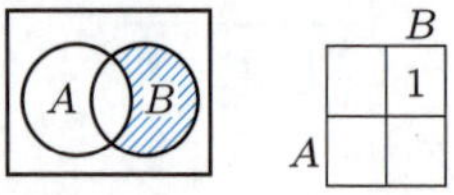

$X = \overline{A} \cdot B$

論理関数⑤

A B	X
0 0	0
0 1	1
1 0	0
1 1	1

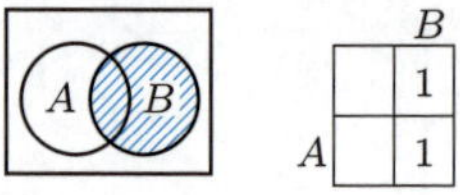

$X = B$

論理関数⑥

A B	X
0 0	0
0 1	1
1 0	1
1 1	0

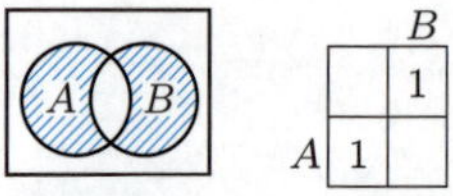

$X = A \cdot \overline{B} + \overline{A} \cdot B$

論理関数⑦ XOR（排他的論理和）

A B	X
0 0	0
0 1	1
1 0	1
1 1	1

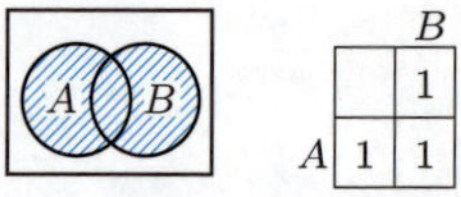

$X = A + B$

論理関数⑧ OR（論理和）

（注）論理関数の番号は表 3.4 に対応している

図 3.31　真理値表・ベン図・カルノー図・論理関数の対応 (1)

3.7 NAND, NOR および XOR

A B	X
0 0	1
0 1	0
1 0	0
1 1	0

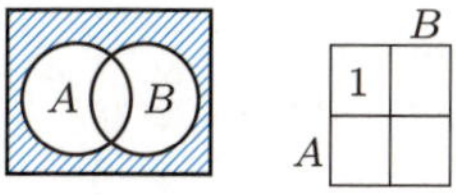

$X = \overline{A} \cdot \overline{B}$

論理関数⑨ NOR
（否定論理和）

A B	X
0 0	1
0 1	0
1 0	0
1 1	1

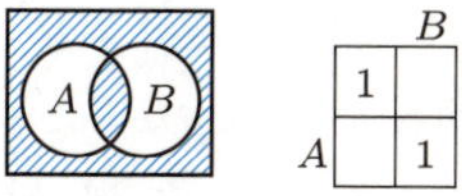

$X = A \cdot B + \overline{A} \cdot \overline{B}$

論理関数⑩
（等価演算，一致演算，同値演算）

A B	X
0 0	1
0 1	0
1 0	1
1 1	0

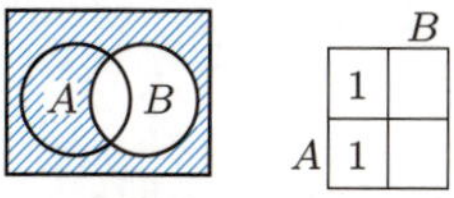

$X = \overline{B}$

論理関数⑪

A B	X
0 0	1
0 1	0
1 0	1
1 1	1

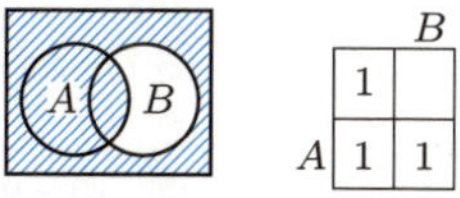

$X = A + \overline{B}$

論理関数⑫

A B	X
0 0	1
0 1	1
1 0	0
1 1	0

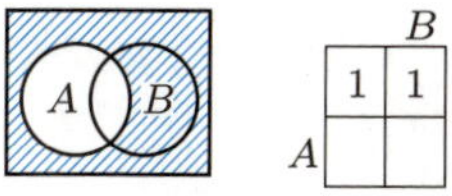

$X = \overline{A}$

論理関数⑬

A B	X
0 0	1
0 1	1
1 0	0
1 1	1

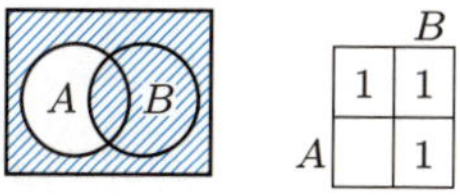

$X = \overline{A} + B$

論理関数⑭

A B	X
0 0	1
0 1	1
1 0	1
1 1	0

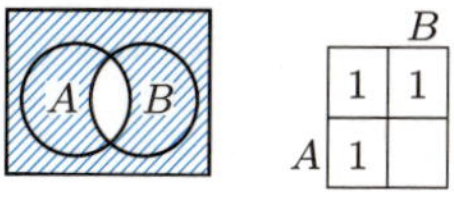

$X = \overline{A} + \overline{B}$

論理関数⑮ NAND
（否定論理積）

A B	X
0 0	1
0 1	1
1 0	1
1 1	1

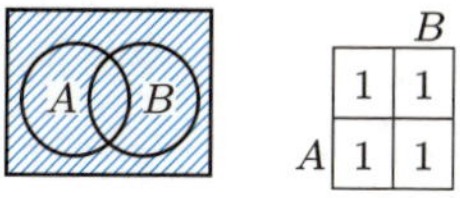

$X = 1$

論理関数⑯

（注）論理関数の番号は表 3.4 に対応している

図 3.31　真理値表・ベン図・カルノー図・論理関数の対応 (2)

3.8 ド・モルガンの定理

以下の二つの定理を**ド・モルガンの定理**（De Morgan's laws）とよぶ．

① $\overline{A \cdot B} = \overline{A} + \overline{B}$

図 3.32 に示すように，式の左辺と右辺をカルノー図に記入すると，式の左辺に対応する領域と式の右辺に対応する領域とが一致する．

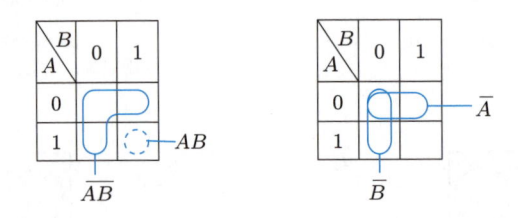

図 3.32 $\overline{A \cdot B}$ および $\overline{A} + \overline{B}$ のカルノー図による比較

② $\overline{A + B} = \overline{A} \cdot \overline{B}$

図 3.33 に示すように，式の左辺と右辺をカルノー図に記入すると，式の左辺に対応する領域と式の右辺に対応する領域とが一致する．

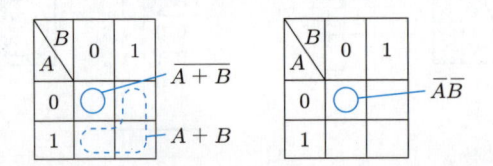

図 3.33 $\overline{A + B}$ および $\overline{A} \cdot \overline{B}$ のカルノー図による比較

> ☑チェック　二つのド・モルガンの定理の間に双対性の関係があることを確認してほしい．

> ☑チェック　Y 先生秘伝のド・モルガンの定理の覚え方を進呈しよう．
> 否定のバーを眉毛，・と＋を鼻の形にたとえて，「眉毛を離すと，鼻の形が変わる」と覚えよう！（図 3.34 参照）

図 3.34　ド・モルガンの定理の覚え方（眉毛と鼻に注意）

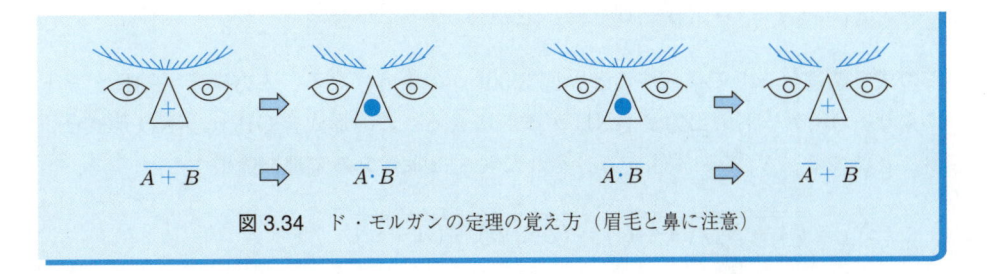

ド・モルガンの定理を使うと，ある論理ゲートと等価な回路を別の論理ゲートを用いて実現できる．NAND, NOR, AND, OR のそれぞれは，次のように表すことができる．この関係をゲートの記号で表したものを図 3.35 に示す（右側が別記法）．

$\overline{A \cdot B} = \overline{A} + \overline{B}$　　　　（NAND ⇔ 否定入力 OR）
$\overline{A + B} = \overline{A} \cdot \overline{B}$　　　　（NOR ⇔ 否定入力 AND）
$A \cdot B = \overline{\overline{A \cdot B}} = \overline{\overline{A} + \overline{B}}$　　（AND ⇔ 否定入力 NOR）
$A + B = \overline{\overline{A + B}} = \overline{\overline{A} \cdot \overline{B}}$　　（OR ⇔ 否定入力 NAND）

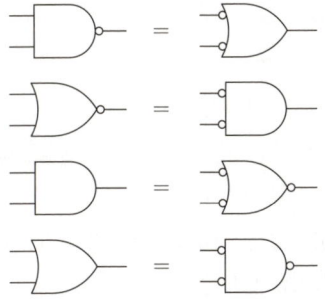

図 3.35　論理ゲートの別記法

3.9　回路形式の変換

ブール代数の定理を応用することによって，与えられた論理回路を指定された形式の論理回路に変換することができる．

3.9.1　NOR 形式

次式のような乗法標準形で表された論理式を考える．

$$X_1 = (A+B) \cdot (A+C)$$

この式を論理ゲートで構成すると，図 3.36(a) のようになる．入力はまず OR ゲートに入り，OR ゲートの出力が AND ゲートに入る．この形式を OR to AND 形式とよぶことにする．X_1 を二重否定し，それにド・モルガンの定理を適用すると，

$$X_1 = \overline{\overline{(A+B) \cdot (A+C)}} = \overline{\overline{(A+B)} + \overline{(A+C)}}$$

となる．この式を回路図に表すと，図 3.36(b) のようになる．このように，乗法標準形で表された論理式にド・モルガンの定理を適用すると，NOR ゲートのみの回路が得られる．

　　　　(a) OR to AND 形式　　　　　　(b) NOR 2 段形式

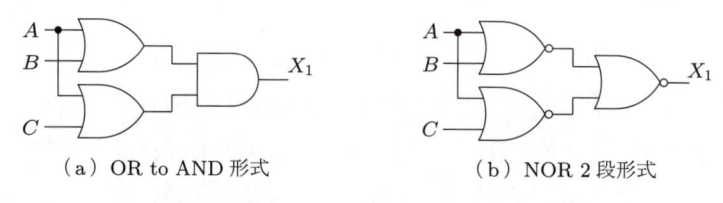

図 3.36　関数 $(A+B) \cdot (A+C)$ の論理回路図

3.9.2　NAND 形式

次式のような加法標準形で表された論理式を考える．

$$X_2 = A \cdot B + A \cdot C$$

この式を論理ゲートで構成すると，図 3.37(a) のようになる．入力はまず AND ゲートに入り，AND ゲートの出力が OR ゲートに入る．この形式を AND to OR 形式とよぶことにする．X_2 を二重否定し，それにド・モルガンの定理を適用すると，

$$X_2 = \overline{\overline{A \cdot B + A \cdot C}} = \overline{\overline{A \cdot B} \cdot \overline{A \cdot C}}$$

となる．この式を回路図に表すと，図 3.37(b) のようになる．このように，加法標準形で表された論理式にド・モルガンの定理を適用すると，NAND ゲートのみの回路が得られる．

（a）AND to OR 形式　　　　　（b）NAND 2 段形式

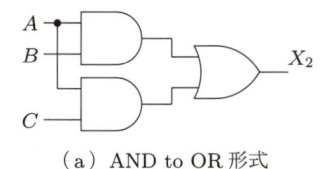

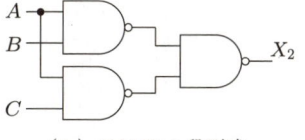

図 3.37　関数 $AB + AC$ の論理回路図

> ✓チェック　NOR ゲートのみの回路にするには，乗法標準形にした後，二重否定をとり，ド・モルガンの定理を用いて展開する．
> 　NAND ゲートのみの回路にするには，加法標準形にした後，二重否定をとり，ド・モルガンの定理を用いて展開する．

3.9.3　乗法標準形と加法標準形との相互変換

前の 2 項で示したように，NOR ゲートのみの回路にするには乗法標準形に，NAND ゲートのみの回路にするには加法標準形に変換する必要がある．そこで，乗法標準形と加法標準形との相互変換の方法を以下に示す．

第 1 の方法はブール代数の分配則（公理 ⑦ と ⑧）を利用する方法で，次の例に示すように乗法標準形から加法標準形へ，およびその逆の変換が可能である．

(1)　$A(B + C) = A \cdot B + A \cdot C$　　　　　公理 ⑦
(2)　$A + B \cdot C = (A + B) \cdot (A + C)$　　　公理 ⑧

複雑な論理式であっても，乗法標準形から加法標準形への変換は比較的容易である．それは，加法標準形に変換した後，論理式の簡単化が比較的容易なことによる．

一方，乗法標準形の論理式の簡単化はそれほど容易でないため，加法標準形から乗法標準形への変換は困難な場合がある．そこで，カルノー図を用いる第 2 の方法を，上記 (2) の場合を例として示す．

❶　加法標準形論理式（左辺）のカルノー図を描く（図 3.38(a) に示す）．
❷　その空白部分（❶ の左辺の否定）の論理式を加法標準形で求める（図 3.38(b) に示す）．
❸　❷ で求めた論理式の否定（❶ の左辺に等しい）をド・モルガンの定理で展開する．これが求める乗法標準形の論理式である．

$$X = \overline{\overline{A}\,\overline{B} + \overline{A}\,\overline{C}} = \overline{(\overline{A}\,\overline{B})} \cdot \overline{(\overline{A}\,\overline{C})} = (A + B) \cdot (A + C)$$

(a) 与式のカルノー図　　$X = A + BC$

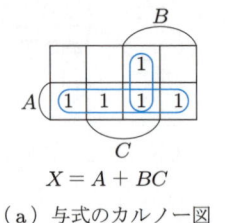

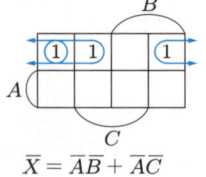

(b) 与式の否定のカルノー図　　$\overline{X} = \overline{A}\overline{B} + \overline{A}\overline{C}$

図 3.38　カルノー図による変換方法

次に，このような回路形式の変換例を示す．

|| 例 ||　論理式 $X = (A + B) \cdot (B + C)$ を NAND ゲートだけで構成する（第 1 の方法）．

$$X = (A + B) \cdot (B + C) = B + A \cdot C \qquad 公理⑧$$
$$= \overline{\overline{B + A \cdot C}} = \overline{\overline{B} \cdot \overline{A \cdot C}} = \overline{\overline{B \cdot B} \cdot \overline{A \cdot C}}$$

この式を論理回路図に描くと図 3.39 のようになる．

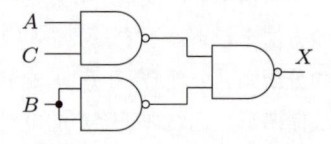

図 3.39　関数 $(A + B)(B + C)$ を NAND ゲートのみで表したときの論理回路図

例題 3.5　論理式 $X = \overline{A} \cdot B + A \cdot C$ と等価な回路を NOR ゲートのみで作成せよ．

解　カルノー図による第 2 の方法で求める．

❶　$X = \overline{A} \cdot B + A \cdot C$ のカルノー図を求める（図 3.40(a) に示す）．

❷　X の否定（❶のカルノー図の空白部分）の論理式を求める（図 3.40(b) に示す）．

$$\overline{X} = \overline{A}\,\overline{B} + A\overline{C}$$

❸　その否定をド・モルガンの定理で展開する．これが求める乗法標準形である．

$$X = \overline{\overline{A}\,\overline{B} + A\overline{C}} = (A + B)(\overline{A} + C)$$

❹　全体の二重否定をとり，ド・モルガンの定理で展開する．

$$X = \overline{\overline{(A + B)(\overline{A} + C)}} = \overline{\overline{(A + B)} + \overline{(\overline{A} + C)}}$$

回路図を図 3.40(c) に示す．

(a) X のカルノー図　$X = \overline{A}B + AC$

(b) $\overline{X}$ のカルノー図　$\overline{X} = \overline{A}\,\overline{B} + A\overline{C}$

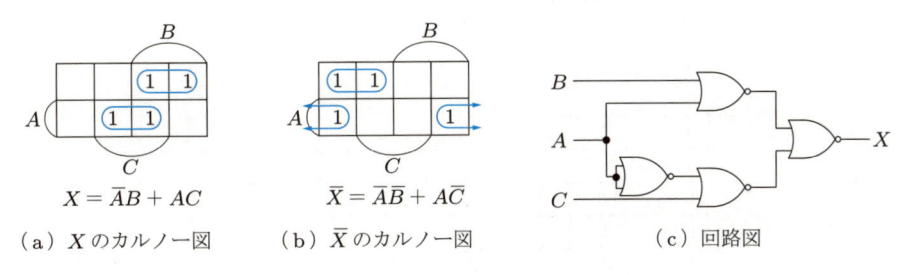

(c) 回路図

図 3.40　NOR ゲートによる回路図の求め方

演習問題 3

3.1 表 3.7 を使って，論理式 $X = (A+B) \cdot (A+C) \cdot (\overline{A} + \overline{B})$ の真理値表を作成せよ．

表 3.7

A	B	C	$A+B$	$A+C$	$\overline{A}$	$\overline{B}$	$\overline{A}+\overline{B}$	X
0	0	0						
0	0	1						
0	1	0						
0	1	1						
1	0	0						
1	0	1						
1	1	0						
1	1	1						

3.2 入力が A と B と C の三つ，出力が X と Y と Z の三つの論理関数がある．入力値の少なくとも一つが真であるときに，X は真となる．入力値のちょうど二つが真のときに，Y は真となる．入力値が三つとも真のときに，Z は真となる．表 3.8 を使って，これらの関数の真理値表を作成せよ．

3.3 次の論理式に相当する論理回路図を描け．
（1）$A\overline{B} + C$　　（2）$A(B+C)$　　（3）$AB + BC + CA$

3.4 次の論理演算を行った結果を空欄に記入せよ．
（1）11011010 と 00101111 の論理積は（　　　）である．
（2）11001100 と 01100111 の論理和は（　　　）である．
（3）10111000 の否定は（　　　）である．

3.5 表 3.9 の真理値表を作成することによって，等式 $AB + BC + \overline{A}\,\overline{C} = B + \overline{A}\,\overline{C}$ が成立することを示せ．

表 3.8

入力			出力		
A	B	C	X	Y	Z
0	0	0			
0	0	1			
0	1	0			
0	1	1			
1	0	0			
1	0	1			
1	1	0			
1	1	1			

表 3.9

A	B	C	$\overline{A}\,\overline{C}$	AB	BC	$AB+BC+\overline{A}\,\overline{C}$	B	$\overline{A}\,\overline{C}$	$B+\overline{A}\,\overline{C}$
0	0	0					0		
0	0	1					0		
0	1	0					1		
0	1	1					1		
1	0	0					0		
1	0	1					0		
1	1	0					1		
1	1	1					1		

3.6 下記の論理式 X をブール代数の公理・定理を利用して簡単化せよ．

$$X = (A+B+C)(\overline{A}+B+C)(A+\overline{B}+C)(A+B+\overline{C})$$

‖ヒント‖　この問題に対しては，公理 ⑧ や定理 ⑫ などを利用するとよい．

3.7 下記の論理式 X をブール代数の公理・定理を利用して簡単化せよ．

$$X = A(A+B+C)(\overline{A}+B+C)(A+\overline{B}+C)(A+B+\overline{C})$$

‖ヒント‖　この問題に対しては，定理 ⑰ や定理 ⑫ などを利用するとよい．

3.8 下記の論理式 X をブール代数の公理・定理を利用して簡単化せよ．

$$X = (A+C)(A\overline{B}+AC)(\overline{A}\,\overline{C}+B)$$

3.9 図 3.41 のカルノー図において，①，②，③ および ④ と記した領域に相当する論理積項を書け．

A \ BC	00	01	11	10
0		①		
1		④	②	③

図 3.41

3.10 カルノー図を準備し，論理式 $X = \overline{A}\,\overline{B}\,C + A\overline{B}\,C + \overline{A}B\overline{C}$ の各項を該当する区画に記入せよ．次に，この論理式をカルノー図を参考にして簡単化し，簡単化された論理式に相当する回路図を描け．

3.11 カルノー図を参考にして，次の論理式を簡単化せよ．
(1) $X_1 = \overline{A}\,\overline{B} + BC + AC$
(2) $X_2 = ABC + \overline{A}BC + A\overline{B}C + AB\overline{C} + A\overline{B}\,\overline{C} + \overline{A}B\overline{C} + \overline{A}\,\overline{B}\,\overline{C}$

3.12 ド・モルガンの定理を使って次の論理式を簡単化せよ．
(1) $\overline{\overline{AB} + \overline{A}C} =$
(2) $\overline{(\overline{A} + \overline{BC})(\overline{A} + B + C)} =$

3.13 論理関数に関する次の記述中の空欄に入れるべき適当な式を解答群の中から選べ．

図 3.42 は論理関数の直観的な理解に役立つベン図である．この図の中の ① にあたる部分の論理式は（ a ）であり，② の部分は（ b ）となる．そして，③ の部分は（ c ）となる．④ の部分は，B と C の共通部分のうちの A でない部分であるから，（ d ）となる．また，⑤ の部分は，④ の部分以外の部分であるから，（ e ）となる．

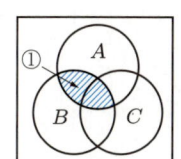

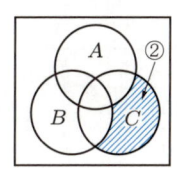

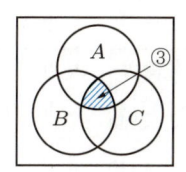

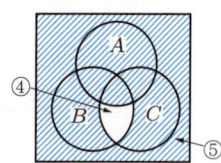

図 3.42

解答群
ア $A + B$　イ $\overline{A} + \overline{B}$　ウ $A \cdot B$　エ $A + B + C$　オ $\overline{A} + B + C$
カ $A + \overline{B} + \overline{C}$　キ $A \cdot B \cdot C$　ク $A \cdot \overline{B} \cdot \overline{C}$　ケ $\overline{A} \cdot B \cdot C$　コ $\overline{A} \cdot \overline{B} \cdot C$

a	b	c	d	e

3.14 次の論理式 X を簡単化せよ．

$$X = \overline{A}\,\overline{B}C + AD + B\overline{D} + C\overline{D} + \overline{A}\,\overline{B} + A\overline{D}$$

3.15 次の論理式 X に相当する論理回路を指定された条件で構成し，回路図を描け．

$$X = B + \overline{A}\,\overline{C}$$

(1) NAND ゲートのみで構成せよ（NOT ゲートは用いてもよい）．
(2) OR to AND の形式で構成せよ．
(3) NOR ゲートのみで構成せよ（NOT ゲートは用いてもよい）．

3.16 図 3.43 に示す回路を NAND ゲートのみの回路に変換せよ．

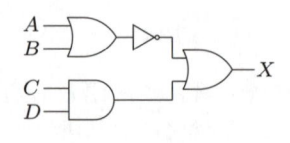

図 3.43

3.17 次の論理式に相当する論理回路を指定された条件を満たすように構成せよ（NOT ゲートは用いてよい）．
(1) $X_1 = B + A\overline{C}$ を NAND ゲートのみで構成せよ．
(2) $X_2 = AB + \overline{A}\overline{B} + C$ を NOR ゲートのみで構成せよ．

3.18 論理演算に関する次の設問に答えよ．

入力変数 A, B に対する出力関数 X が表 3.10 の真理値表に示すものであるとき，(1) 〜 (5) の各出力関数を得るのに適する論理式 a 〜 e，およびその名称 f 〜 j を解答群の中から選べ．

a 〜 e に関する解答群
ア $X = \overline{A \cdot B}$ イ $X = A \cdot B$ ウ $X = A \cdot \overline{B} + \overline{A} \cdot B$ エ $X = A \cdot B + \overline{A} \cdot \overline{B}$
オ $X = \overline{A + B}$

表 3.10

入力変数	A	0	0	1	1	論理式	名称
出力変数	B	0	1	0	1		
(1)	X	0	0	0	1	a	f
(2)	X	1	0	0	0	b	g
(3)	X	1	1	1	0	c	h
(4)	X	0	1	1	0	d	i
(5)	X	1	0	0	1	e	j

f 〜 j に関する解答群
ア 否定論理積（NAND） イ 論理積（AND） ウ 一致演算（等価演算）
エ 否定論理和（NOR） オ 排他的論理和（XOR）

a	b	c	d	e	f	g	h	i	j

第4章 組合せ論理回路

ここでは，一定の入力条件にあった動作をする論理回路の設計法を学ぶ．ここで学ぶ論理回路は，記憶回路を伴わない論理ゲートだけからなる回路である．このような論理回路を「組合せ論理回路」あるいは単に「組合せ回路」という．組合せ回路の出力は入力のみによって一義的に決定される．他方，記憶回路を伴う論理回路を「順序回路」という．この回路の出力は，入力と記憶されている値によって定まる．順序回路については5章，6章で学ぶ．

☑チェック　人間の思考形態にあてはめてみると，目の前にあるメニューをみて食べるものを選ぶのは組合せ回路的な判断，朝食にパンを食べたことを覚えていて，昼は麺類を選ぶというのは順序回路的な判断といえるであろう．

4.1　入力条件と組合せ論理回路

入力が条件に合ったとき決められた動作をするような回路を設計するには，入力と出力の論理的な関係を表す論理式を求め，それを回路図にする．一例として，三つの入力 A, B, C に関して，次の条件のいずれかが成立したときに出力 X が "1" となり，それ以外では "0" になるような論理回路を考える．

条件　①　A と B がともに "1" のとき
　　　②　A と C が等しくなく，B が "0" のとき

こうした入出力条件を真理値表で表現すると，図4.1のようになる．

真理値表は，入力と出力の関係，すなわち，いくつかの入力の値が与えられたとき，出力の値がどのようであるかを示す．どのような論理機能を実現させたいのかという設計仕様を明確に表したものが真理値表であるといえる．

すなわち，必要な組合せ論理回路は，図4.2に示すような手順に従って得られる．まず，設計仕様を真理値表として定め，この真理値表から論理式を求める．次に，この論理式に対して簡単化などの変換を行い，それを論理回路図に表す．

したがって，真理値表から論理式を誘導することを学べば，3章で学んだことを利用して回路図が得られる．

A	B	C	X	
0	0	0	0	
0	0	1	1	$A \neq C$, $B=0$（条件②）
0	1	0	0	
0	1	1	0	
1	0	0	1	$A \neq C$, $B=0$（条件②）
1	0	1	0	
1	1	0	1	$A=B=1$（条件①）
1	1	1	1	$A=B=1$（条件①）

図 4.1　入出力条件の真理値表による表現

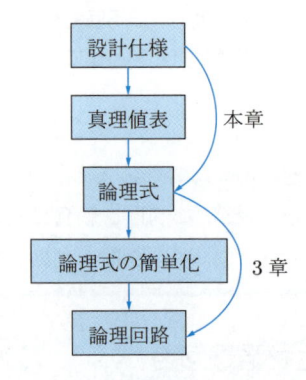

図 4.2　論理回路を求める手順

4.2　真理値表から論理式の誘導

　論理式が与えられたとき，それの真理値表を求めることは，3章において学んだ．ここではその逆，すなわち真理値表から論理式を求める問題を考える．

● 4.2.1　主加法標準形を用いる方法
真理値表が与えられたとき，次の操作を行う．
❶　出力が "1" となる入力だけに注目する．
❷　そのときの入力変数の論理積（最小項）をつくる．この場合，入力が "0" に対しては入力変数の否定をとる．
❸　得られた最小項の論理和をつくる．
　これによって，真理値表を満たす論理式が主加法標準形の形で与えられる．図 4.3 に例を示す．

図 4.3 に示すように，真理値表から主加法標準形の誘導を行う．

入力			出力
A	B	C	X
0	0	0	0
0	0	1	1	···$\overline{A}\overline{B}C$ ················ 最小項
0	1	0	0
0	1	1	0
1	0	0	1	···$A\overline{B}\overline{C}$ ················ 最小項
1	0	1	0
1	1	0	1	···$AB\overline{C}$ ················ 最小項
1	1	1	1	···ABC ················ 最小項

$$X = \overline{A}\overline{B}C + A\overline{B}\overline{C} + AB\overline{C} + ABC$$

図 4.3 真理値表から主加法標準形の誘導

例題 4.1 表 4.1 の真理値表を満たす論理式を求め，簡単化せよ．

表 4.1 真理値表

A	B	C	X
0	0	0	1
0	0	1	0
0	1	0	0
0	1	1	0
1	0	0	1
1	0	1	1
1	1	0	0
1	1	1	0

解 $X = \overline{A}\,\overline{B}\,\overline{C} + A\overline{B}\,\overline{C} + A\overline{B}C = \overline{B}\,\overline{C} + A\overline{B}$

4.2.2 主乗法標準形を用いる方法

真理値表が与えられたとき，次の操作を行う．

❶ 出力が "0" となる入力だけを考える．

❷ そのときの入力変数の論理和（最大項）をつくる．この場合，入力が "1" に対しては入力変数の否定をとる．

❸ 得られた最大項の論理積をつくる．

これによって，真理値表を満たす論理式が主乗法標準形の形で与えられる．図 4.4 に例を示す．

入力			出力	
A	B	C	X	
0	0	0	1	
0	0	1	1	
0	1	0	0	$A+\overline{B}+C$ …… 最大項
0	1	1	1	
1	0	0	1	
1	0	1	1	
1	1	0	1	
1	1	1	0	$\overline{A}+\overline{B}+\overline{C}$ …… 最大項

$$X = (A+\overline{B}+C)(\overline{A}+\overline{B}+\overline{C})$$

$\overline{A}B\overline{C}$ でなく，かつ ABC でないと考えてもよい．
すると，$X = (\overline{\overline{A}B\overline{C}})\cdot(\overline{ABC})$ となる．

図 4.4　真理値表から主乗法標準形の誘導

4.3　代表的な組合せ論理回路*

ここでは，比較的よく使われる代表的な組合せ回路の設計法を学ぶ．これらの回路はコンピュータの中でも使われている．

4.3.1　加算器

(1)　半加算器

下位桁からの桁上げを扱わない 1 ビットの加算器を半加算器（half adder）という．半加算器は，次の加算規則を満たしている（この "+" は，加算を表している）．

$$\begin{array}{r}0\\+0\\\hline 00\end{array}\qquad\begin{array}{r}0\\+1\\\hline 01\end{array}\qquad\begin{array}{r}1\\+0\\\hline 01\end{array}\qquad\begin{array}{r}1\\+1\\\hline 10\end{array}$$

この規則は表 4.2 の真理値表で表される．ただし，加数を A および B，和（sum）を s，桁上げ（carry）を c とする．この真理値表より，s および c は次のように与えられる．

$$s = \overline{A}B + A\overline{B} = A \oplus B$$

$$c = AB$$

したがって，XOR ゲートと AND ゲートを用いれば，半加算器の回路を図 4.5 (a) のように構成することができる．また，半加算器を図 4.5(b) に示す記号で表すことがある．

*　本節の論理変数は，内容を表す記号を使用する．

表 4.2　半加算器の真理値表

A	B	s	c
0	0	0	0
0	1	1	0
1	0	1	0
1	1	0	1

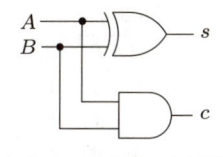

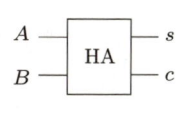

(a) XOR を用いた回路　　(b) 記号

図 4.5　半加算器

> ✅チェック　本項に出てくる "1" と "0" は二つの意味で使用されているので注意が必要である．一つは 2 進数として使用しており，1 + 1 は 10（算術演算）である．もう一つは，真理値の真と偽として使用しており，1 + 1 は 1（論理演算）である．

（2）全加算器

最下位桁の加算は半加算器で実行できるが，上位桁の加算の場合には下位桁からの桁上げを考慮しなければならない．次図では，下位桁からの桁上げを（　）内に書いている．このように上位桁では，下位桁からの桁上げを含めた 3 ビットの加算となる．

```
   (1)         (1)         (1)         (1)    …… 桁上げ
    01          01          11          11
   +01         +11         +01         +11
   ---         ---         ---         ---
   010         100         100         110
```

下位桁からの桁上げを入力として含む 1 ビット加算器を全加算器（full adder）とよぶ．3 ビット入力で，その桁の加算結果と上位桁への桁上げの 2 ビット出力となる．

全加算器の真理値表は表 4.3 のように表される．ただし，加数を A および B，和を S，下位桁からの桁上げを C_i，上位桁への桁上げを C_o とする．この真理値表から，出力 S と C_o の論理式を求めると，次のようになる．

$$S = \overline{A}\overline{B}\overline{C_i} + \overline{A}B\,\overline{C_i} + \overline{A}\,B C_i + ABC_i = \overline{C_i}(\overline{A}B + A\overline{B}) + C_i(\overline{A}\,\overline{B} + AB)$$
$$= \overline{C_i}(A \oplus B) + C_i\overline{(A \oplus B)} = C_i \oplus (A \oplus B)$$
$$C_o = AB\overline{C_i} + \overline{A}BC_i + A\overline{B}C_i + ABC_i = C_i(A\overline{B} + \overline{A}B) + AB(\overline{C_i} + C_i)$$
$$= C_i(A\overline{B} + \overline{A}B + AB) + AB(\overline{C_i} + C_i) = C_iA + C_iB + AB$$

この論理式より，全加算器の論理回路図は図 4.6(a) のようになる．また，全加算器を図 4.6(b) に示す記号で表すことがある．

表 4.3　全加算器の真理値表

A	B	C_i	S	C_o
0	0	0	0	0
0	1	0	1	0
1	0	0	1	0
1	1	0	0	1
0	0	1	1	0
0	1	1	0	1
1	0	1	0	1
1	1	1	1	1

（a）XOR ゲートを用いた回路　　　　（b）記号

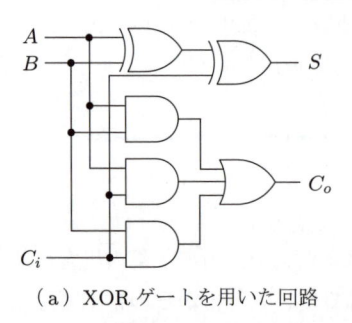

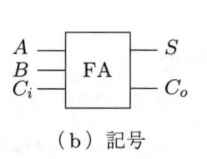

図 4.6　全加算器

$A \oplus B$ が半加算器の和 s であり，AB が半加算器の桁上げ c であることに注目すれば，S と C_o を次のように書き換えることができる．

$$S = C_i \oplus s$$
$$C_o = C_i(A\overline{B} + \overline{A}B) + AB$$
$$= C_i(A \oplus B) + AB = C_i s + c$$

したがって，図 4.7 に示すように，2 個の半加算器と OR ゲートを用いて全加算器を構成することができる．

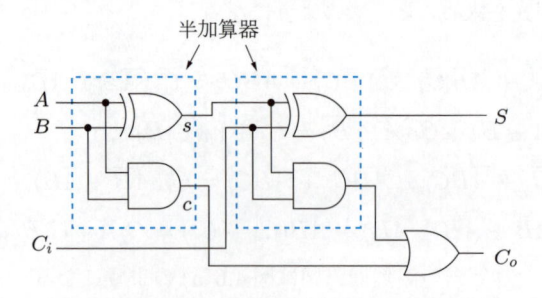

図 4.7　2 個の半加算器を用いた全加算器の構成

> **チェック** 全加算器は 1 桁の 2 進数加算を実行する論理回路であるので, N 桁の 2 進数の加算を行うには N 個の全加算器が必要になる(最下位桁は半加算器でもよい).

4.3.2 デコーダ

デコーダ(decoder)は,2 章で学んだコード(符号)で表されている情報を,もとの意味を表す信号に変換する回路である.すなわち,デコーダへの入力はコードであり,デコーダからの出力はそのコードの各意味を表す信号である.たとえば,コード 00 の意味は「0」,コード 01 の意味は「1」,コード 10 の意味は「2」,コード 11 の意味は「3」,である.

まず,もっとも簡単なデコーダである 2 入力 4 出力のデコーダについて説明する.これを 2 to 4 デコーダとよぶことにする.2 個の入力変数を I_1, I_0 とし,4 個の出力変数を O_3, O_2, O_1, O_0 としたとき,2 to 4 デコーダの真理値表は表 4.4 のようになる.I_1, I_0 がともに 0 であれば O_0 が 1 で,O_3, O_2, O_1 は 0 である.I_1 が 0 で I_0 が 1 であれば O_1 が 1 で,O_3, O_2, O_0 は 0 である.I_1 が 1 で I_0 が 0 であれば O_2 が 1 で,O_3, O_1, O_0 は 0 である.I_1, I_0 がともに 1 であれば O_3 が 1 で,O_2, O_1, O_0 は 0 である.したがって,次のことがいえる.

表 4.4　2 to 4 デコーダの真理値表

I_1	I_0	O_3	O_2	O_1	O_0
0	0	0	0	0	1
0	1	0	0	1	0
1	0	0	1	0	0
1	1	1	0	0	0

I_0 を 2 進数の重み 1 のビット,I_1 を 2 進数の重み 2 のビットとし,$I_1 I_0$ によって表される 10 進数を K とする.$K = I_1 \times 2 + I_0$ であるから,K は 0, 1, 2, 3 のいずれかの値をとる.このとき,出力は O_K だけが 1 になり,残りの出力はすべて 0 になる.

真理値表からわかるように,入力変数が与えられたとき一つの出力線だけを選んでそこにだけ 1 を出力する(他の出力線には 0 を出力する)回路がデコーダである.すなわち,一つの意味を表す信号線だけを 1 にしている.

4 個の出力 O_3, O_2, O_1, O_0 の論理式を真理値表から求めると,

$$O_0 = \overline{I_1}\,\overline{I_0}$$

$O_1 = \overline{I_1} I_0$

$O_2 = I_1 \overline{I_0}$

$O_3 = I_1 I_0$

となる．これよりこのデコーダの論理回路は図 4.8(a) のようになる．この回路において，たとえば $I_1 = 0, I_0 = 0$ であれば

$O_0 = \overline{I_1}\, \overline{I_0} = 1 \cdot 1 = 1$

$O_1 = \overline{I_1} I_0 = 1 \cdot 0 = 0$

$O_2 = I_1 \overline{I_0} = 0 \cdot 1 = 0$

$O_3 = I_1 I_0 = 0 \cdot 0 = 0$

となり，O_0 だけが 1 で，残りの 3 個の出力がすべて 0 になる．入力が他の値をとる場合も同様である．また，2 to 4 デコーダの記号を図 4.8(b) のように表すことがある．

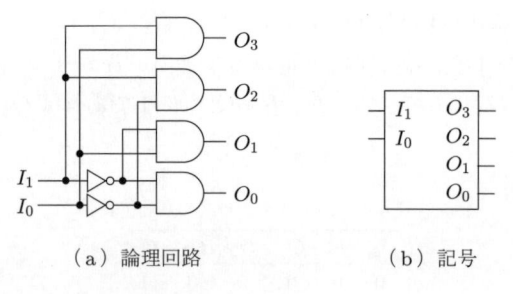

（a）論理回路　　　　　　　（b）記号

図 4.8　2 to 4 デコーダ

> **アドバンス**　コンピュータにおけるデコーダの代表的な使用例として，記憶装置の書き込みや読み出しの対象となるデータの記憶場所を表すコードであるアドレスから，その場所を特定する信号を送り出す回路がある．このデコーダをアドレスデコーダとよぶことがある（これは，パソコンの RAM ボードでも使用されている）．もう一つの代表的な使用例は，機械語命令の種類を表すコードであるオペレーションコードを解釈する，命令デコーダである（これは，パソコンの CPU でも使用されている）．

一般的にいえば，デコーダは n 個の変数を入力として与えたとき，入力変数のすべての最小項の値（2^n 個）を出力する組合せ回路である．各最小項に対応する出力の値

が，入力変数の値の組合せに従って 0 か 1 をとる．3 入力のデコーダ（3 to 8 デコーダ）の場合の真理値表を表 4.5 に，記号を図 4.9 にそれぞれ示す．

表 4.5 3 to 8 デコーダの真理値表

I_2	I_1	I_0	O_7	O_6	O_5	O_4	O_3	O_2	O_1	O_0
0	0	0	0	0	0	0	0	0	0	1
0	0	1	0	0	0	0	0	0	1	0
0	1	0	0	0	0	0	0	1	0	0
0	1	1	0	0	0	0	1	0	0	0
1	0	0	0	0	0	1	0	0	0	0
1	0	1	0	0	1	0	0	0	0	0
1	1	0	0	1	0	0	0	0	0	0
1	1	1	1	0	0	0	0	0	0	0

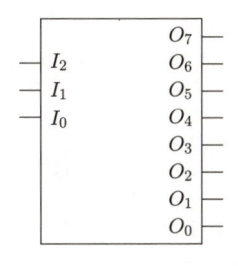

図 4.9 3 to 8 デコーダの記号

4.3.3 セレクタ

複数の入力から一つの入力を選択してその値を出力する回路をセレクタ（selector）とよぶ．もっとも基本的なものは，二つの入力から一つを選んで出力する 2 to 1 セレクタである．2 to 1 セレクタの機能表を表 4.6(a) および (b) に示す．2 to 1 セレクタでは，二つの入力信号 I_0 と I_1 の中の一つを，選択信号 S によって選択する．すなわち，S が 0 ならば I_0 の値を，1 ならば I_1 の値を O に出力する．表 4.6(b) において x は don't care bit を意味する．この機能表は，$S=0$ ならば I_1 の値のいかんにかかわらず $O = I_0$ となり，$S=1$ ならば I_0 の値のいかんにかかわらず $O = I_1$ となることを表している．さらに，2 to 1 セレクタの機能表を 3 入力 S, I_1, I_0 を用いて真理値表の形で表せば，表 4.7 のようになる．この真理値表から出力 O の論理式を求めると，

$$O = \overline{S}\,\overline{I_1}I_0 + \overline{S}I_1 I_0 + SI_1\overline{I_0} + SI_1 I_0 = \overline{S}I_0 + SI_1$$

となる．この結果，2 to 1 セレクタの論理回路図は図 4.10(a) のようになる．また，2 to 1 セレクタの記号を図 4.10(b) のように書くことがある．

表 4.6 2 to 1 セレクタの機能表

(a)

S	O
0	I_0
1	I_1

(b)

S	I_1	I_0	O
0	x	0	0
0	x	1	1
1	0	x	0
1	1	x	1

表 4.7 2 to 1 セレクタの真理値表

S	I_1	I_0	O
0	0	0	0
0	0	1	1
0	1	0	0
0	1	1	1
1	0	0	0
1	0	1	0
1	1	0	1
1	1	1	1

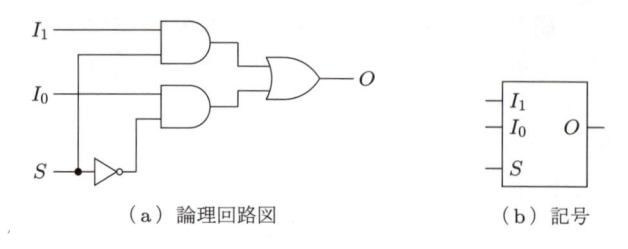

(a) 論理回路図　　　　　　（b) 記号

図 4.10　2 to 1 セレクタ

また，4 to 1 セレクタの回路図を図 4.11 に示す．この回路では図 4.12 の概念図に示すように，4 入力 I_0, I_1, I_2, I_3 のうちのどれを出力するかを，2 ビットの選択信号 S_0 と S_1 で指定する．

2 to 1 セレクタ，4 to 1 セレクタ，8 to 1 セレクタを部品として，これらを組み合わせることによって，32 to 1 セレクタのように大きなセレクタを構成することができる．

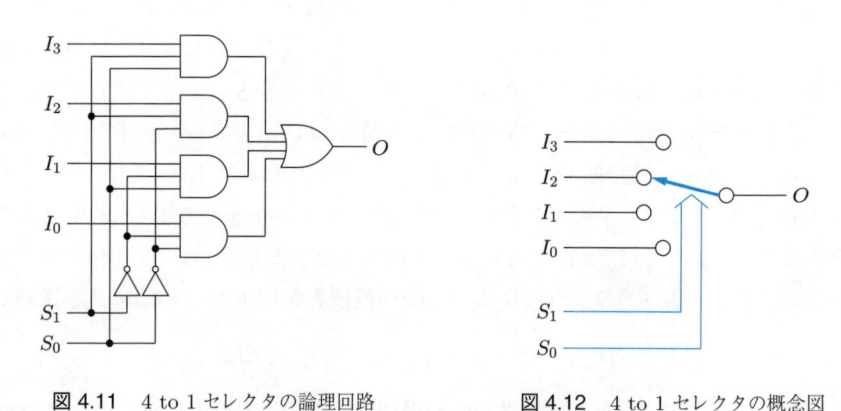

図 4.11　4 to 1 セレクタの論理回路　　　図 4.12　4 to 1 セレクタの概念図

☑チェック　セレクタは，選択信号のデコーダと AND–OR 回路で構成できる．たとえば，8 to 1 セレクタは図 4.13 のように，3 to 8 デコーダを用いて構成できる．

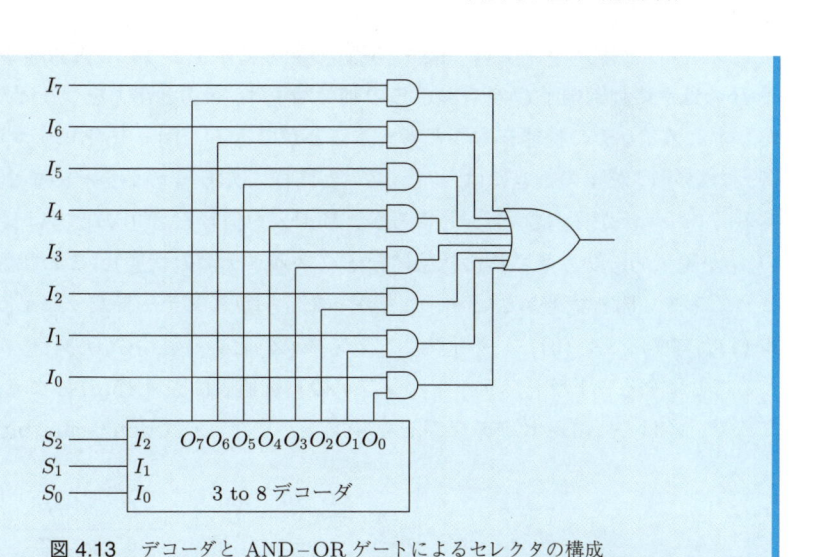

図 4.13 デコーダと AND–OR ゲートによるセレクタの構成

> **アドバンス**　セレクタはマルチプレクサ（multiplexer，多重化回路）ともよばれる．横に並んで（並列に）入力された信号を縦一列に（直列に）並び換えるためにマルチプレクサを使うとき，それは並列直列変換回路として役立つ．複数ビットからなるデータの入力信号を選択できるように構成されたセレクタは，コンピュータ回路の中で，たとえば，演算回路に入力を供給するレジスタを選択したり，レジスタにセットするデータを選択したりするために用いられる．このように，セレクタはパソコンの中にも多数使用されている．

4.3.4 バッファ

バッファは入力端子と出力端子を一つずつもつ．その真理値表と記号を図 4.14(a) および図 (b) にそれぞれ示す．真理値表からもわかるように，バッファは論理的には入力 A をそのまま出力 B に伝えるだけであるが，電気的な駆動能力を高めたり，それの遅延時間をタイミング調整に利用したりする場合に有用である．

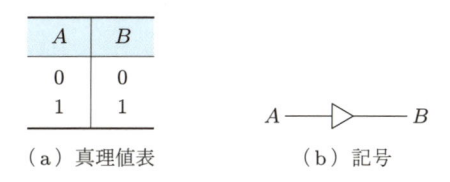

A	B
0	0
1	1

(a) 真理値表　　　　(b) 記号

図 4.14　バッファ

トライステートバッファは，図 4.15(a) の記号に示すように，入力端子 A と出力端子 B のほかに制御端子 C をもつ．この制御端子は，入力と出力をつなげたり切り離したりするスイッチの機能をもつと考えることができる．図 4.15(b) に示すように，制御入力信号 C が 1 のときには，バッファと同様に入力 A の値をそのまま出力 B に伝える（スイッチが閉の状態）．ところが，制御入力信号 C が 0 のときは，入力 A と出力 B が電気的に切り離された状態になる（スイッチ開の状態）．この状態をハイインピーダンス（開放状態）という．したがって，トライステートバッファは，ハイレベル (1)，ロウレベル (0)，ハイインピーダンス (Z) という三つの出力状態のいずれかをとることになる．トライステートバッファの真理値表は図 4.15(c) のように表される．ここで，Z はハイインピーダンスを意味する．また，x は don't care bit を表す．

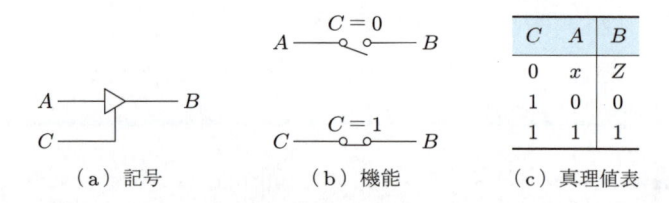

C	A	B
0	x	Z
1	0	0
1	1	1

（a）記号　　（b）機能　　（c）真理値表

図 4.15　トライステートバッファ

トライステートバッファはトライステートゲートや 3 ステートゲートともよばれる．通常のゲートでは，ゲートの出力どうしを接続すると素子の破壊などの障害が起こる．セレクタの回路でも AND ゲートの出力は OR ゲートに入力されていて，出力どうしを直接つなげてはいない．ところが，トライステートバッファを使うと，出力どうしを接続して一種のセレクタを構成できる．たとえば，トライステートバッファにより，4 個の入力信号 A_1，A_2，A_3，A_4 の中の一つを選択するセレクタは，図 4.16 のような回路で構成できる．4 個の制御入力信号の中で必ず一つだけを 1 にしてほかのすべ

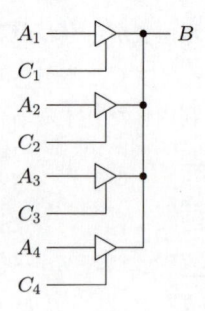

図 4.16　トライステートバッファを用いたセレクタ

てを 0 にすれば，制御端子を 1 にしたトライステートバッファに対応する入力信号が B に出力される．

> **アドバンス** トライステートバッファを使ったセレクタでは，
> ① 設計時に入力の数を固定しなくてもよいため拡張性がある
> ② すべての出力を OR ゲートに集中させなくてもよいのでトライステートバッファや制御回路を空間的に分散配置できる
>
> という利点がある．このため，この方式はバスの構成に利用されている（これは，パソコンのマザーボードでも使用されている）．

演習問題 4

4.1 表 4.8 に示す真理値表に関して，次の設問に答えよ．
(1) 出力 X を主加法標準形で表せ．
(2) 出力 X を主乗法標準形で表せ．

表 4.8

入 力			出力
A	B	C	X
0	0	0	0
0	0	1	1
0	1	0	1
0	1	1	1
1	0	0	0
1	0	1	0
1	1	0	1
1	1	1	0

(3) この真理値表を満たす論理回路を NAND ゲートのみで構成せよ．ただし，ゲートの数ができるだけ少なくなるようにすること．
(4) (3) と同様に，NOR ゲートだけで構成せよ．

4.2 4 個のトライステートゲートと 2 to 4 デコーダを図 4.17 のように接続した回路がある．トライステートゲートは共通の出力 X へ結合されている．MEM, REG などは入力信号名である．デコーダの入力信号 I_1, I_0 が与えられたとき，X にはどのような信号が現れるか．表 4.9 の X 欄に信号名を記入せよ．

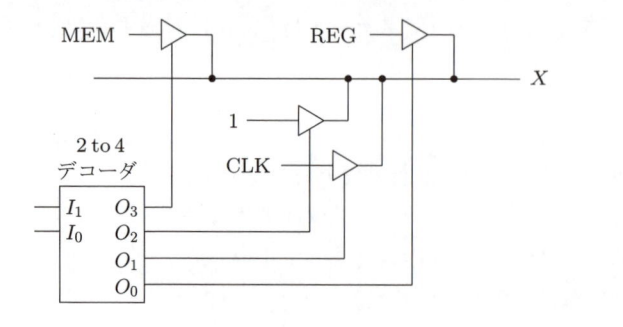

図 4.17

表 4.9

I_1	I_0	X
0	0	
0	1	
1	0	
1	1	

4.3 半加算器では，加数を A, B とすると，和 s および桁上げ c は次式で与えられる．

$$s = A \oplus B = \overline{A}B + A\overline{B} \qquad c = AB$$

半加算器を 5 個の NAND ゲートのみで構成し，その回路図を描け．

┃ヒント┃　$A\overline{B} = A\overline{B} + A\overline{A} \qquad \overline{A}B = \overline{A}B + B\overline{B}$

4.4 図 4.18 に示す回路の入出力関係を表す真理値表を作成せよ．
合理的な方法：❶ 回路を論理式で表す　❷ 論理式を簡単化する
　　　　　　　❸ 標準形に変換する　　❹ 真理値表に書き込む

4.5 図 4.19 に示す記号は，二つのデータ入力端子 I_1 と I_0 をもち，選択入力信号端子 S の値が 0 ならば I_0 を，1 ならば I_1 を選択して，その値を O に出力する 2 to 1 セレクタである．このセレクタを何個か用いて，4 個の入力信号 D_3, D_2, D_1, D_0 の一つを，二つの選択入力信号 S_1 と S_0 によって出力として取り出したい．どのような構成にすればよいか．

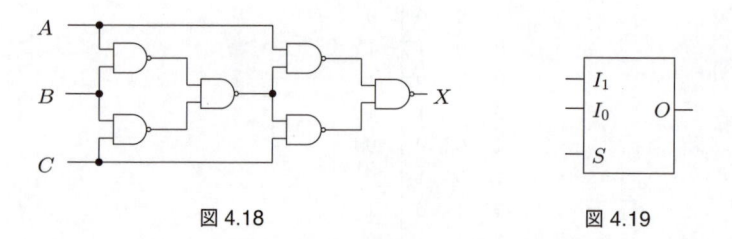

図 4.18

図 4.19

4.6 図 4.20 は，2 ビット入力のデコーダを構成するように，入力線と AND ゲートの入力端子を結線したものである．A_1A_0 は 2 ビットの入力データを表す．また，AND ゲートの出力側に記された数字はワード線（出力線）の番号である．

この図を参考にして，3 ビット入力のデコーダを実現するように，図 4.21 の未完の回路を完成させよ．ここで，A_0 は LSB（最下位ビット），A_2 は MSB（最上位ビット）とせよ．

図 4.20

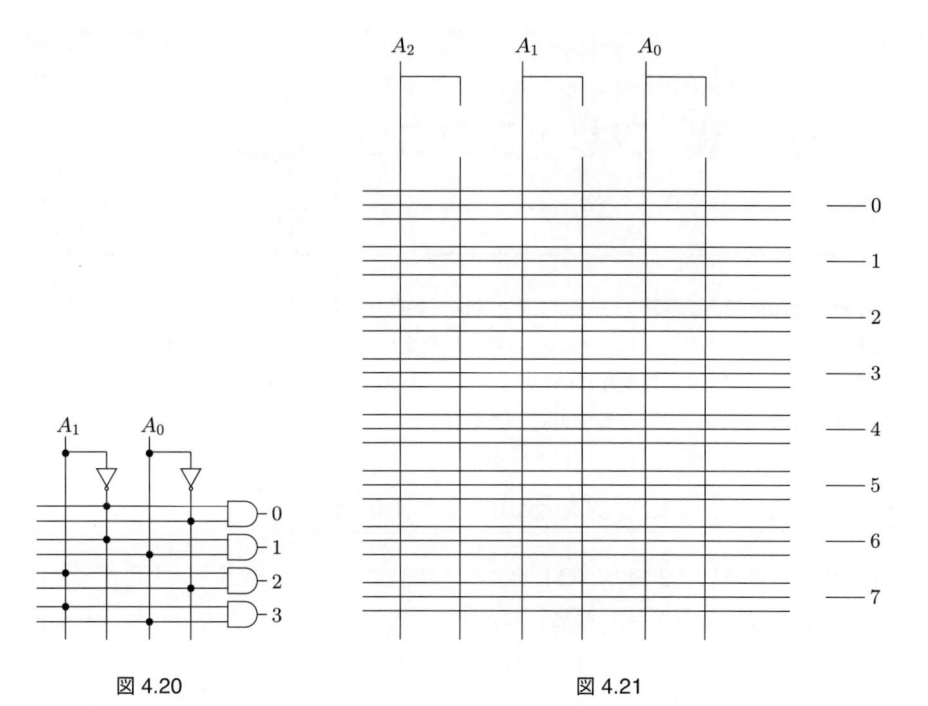

図 4.21

第5章　フリップフロップとラッチ

4章で学んだ組合せ回路だけでは，たとえば「数をかぞえる」ことができない．なぜなら，数をかぞえるためには，今いくつまでかぞえたかを記憶しておく必要があるが，組合せ回路には記憶する機能がないからである．まずここでは，1ビットの記憶機能を実現するフリップフロップとラッチについて学ぶ．

5.1　フリップフロップあるいはラッチの原理

図5.1に示すように，2個のNOTゲートを直列に接続し，出力を入力に戻した回路を考える．スイッチを閉じて外部から，たとえばデータ"1"を入力すると，$A=1$，$B=0$，$C=1$となる．入力と出力は同じになるから，スイッチを開いて外部からの入力を断っても，もとの入力データと同じデータが常に出力され続ける．もとの入力データを保持し続けるわけであるから，記憶の機能が実現されたことになる．

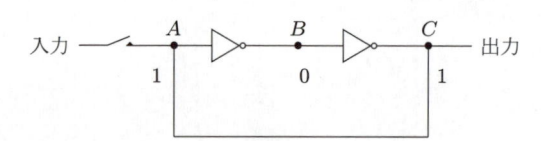

図5.1　フリップフロップの原理

フリップフロップ（flip–flop）あるいはラッチ（latch）はこのような原理に基づいた，1ビットデータを記憶するためのもっとも基本的な回路である．それらの共通的な特徴を次に示す．両者の違いについては後で学ぶ．
① 二つの安定状態（0と1に対応）のうちのいずれかをとり，この状態を記憶する電子回路である．
② 適切な入力を加えることによって，一つの安定状態から他の安定状態に移る．
③ 二つの出力Qおよび$\overline{Q}$をもつ．一方は他方の否定であるが，フリップフロップ（ラッチ）の状態はQ側で代表される．たとえば，フリップフロップの値が"1"ということは，$Q=1$を意味する．

> ✅ チェック　flip–flop あるいは latch は，本来どういう意味か英和辞書で調べてみよう．

5.2　SR ラッチ

5.2.1　SR ラッチの実現例

　二つの NOR ゲートをたすき掛けにした図 5.2 に示す回路について考える．これは SR ラッチを実現した回路の例である．SR ラッチは値を保持することができる基本的な記憶回路である．図 5.2 において，S と R は入力であり，Q と $\overline{Q}$ は出力である．S はセット（set），R はリセット（reset）を意味する．

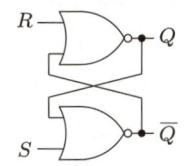

図 5.2　SR ラッチの回路例

　出力 Q は SR ラッチに記憶されている状態を表す．出力 $\overline{Q}$ はその否定を表す．入力 S と R がともに論理的に 0 ならば，たすき掛けに接続された NOR ゲートのそれぞれはインバータ（NOT）として働くので，図 5.1 に示した原理図と同じになる．したがって，Q と $\overline{Q}$ は前の値を保持し続ける．

> ✅ チェック　NOR ゲートでは，一方の入力が 0 のとき，他方の入力と出力が否定の関係になる．他方，NAND ゲートでは，一方の入力が 1 のとき，他方の入力と出力が否定の関係になる（図 5.3 参照）．

図 5.3　NOR，NAND ゲートとインバータ

5.2.2　SR ラッチの動作解析

SR ラッチの動作を解析する．すなわち，S と R がとる値のすべての組合せに対して，出力 Q がどのような値になるか調べてみよう．

(1)　$S = R = 0$ の場合

・$Q = 1$ と仮定するとき

　下側の NOR ゲートにおいて $Q = 1$, $S = 0$ であるから，$\overline{Q} = 0$ となる．この $\overline{Q}$ が上側の NOR ゲートに入るので，$\overline{Q} = 0$, $R = 0$ より $Q = 1$ となる．$Q = 1$ と仮定した結果が $Q = 1$ となるのであるから，以降は同じ繰り返しになり，$Q = 1$ で安定するといえる．

　上記の説明を，以後は次のように簡潔に表すことにする．

・$Q = 1$ のとき　　$Q = 1$, $S = 0 \Rightarrow \overline{Q} = 0$
　　　　　　　　　$\overline{Q} = 0$, $R = 0 \Rightarrow Q = 1$

以下同じ繰り返しになり $Q = 1$ で安定する．

・$Q = 0$ のとき　　$Q = 0$, $S = 0 \Rightarrow \overline{Q} = 1$
　　　　　　　　　$\overline{Q} = 1$, $R = 0 \Rightarrow Q = 0$

以下同じ繰り返しになり $Q = 0$ で安定する．

したがって，この場合には前の状態から変化しない（保持するという）．

(2)　$S = 1$, $R = 0$ の場合

・$Q = 1$ のとき　　$Q = 1$, $S = 1 \Rightarrow \overline{Q} = 0$
　　　　　　　　　$\overline{Q} = 0$, $R = 0 \Rightarrow Q = 1$

以下同じ繰り返しになり $Q = 1$ で安定する．

・$Q = 0$ のとき　　$Q = 0$, $S = 1 \Rightarrow \overline{Q} = 0$
　　　　　　　　　$\overline{Q} = 0$, $R = 0 \Rightarrow Q = 1$
　　　　　　　　　$Q = 1$, $S = 1 \Rightarrow \overline{Q} = 0$
　　　　　　　　　$\overline{Q} = 0$, $R = 0 \Rightarrow Q = 1$

以下同じ繰り返しになり $Q = 1$ で安定する．

したがって，この場合には Q の状態は 1 になる（セットするという）．

(3)　$S = 0$, $R = 1$ の場合

・$Q = 1$ のとき　　$Q = 1$, $S = 0 \Rightarrow \overline{Q} = 0$
　　　　　　　　　$Q = 0$, $R = 1 \Rightarrow Q = 0$
　　　　　　　　　$Q = 0$, $S = 0 \Rightarrow \overline{Q} = 1$
　　　　　　　　　$Q = 1$, $R = 1 \Rightarrow Q = 0$

以下同じ繰り返しになり $Q = 0$ で安定する．

・$Q=0$ のとき　　$Q=0,\ S=0 \Rightarrow \overline{Q}=1$
$$\overline{Q}=1,\ R=1 \Rightarrow Q=0$$
以下同じ繰り返しになり $Q=0$ で安定する．

したがって，この場合には Q の状態は 0 になる（リセットするという）．

（4）$S=R=1$ の場合

・$Q=1$ のとき　　$Q=1,\ S=1 \Rightarrow \overline{Q}=0$
$$\overline{Q}=0,\ R=1 \Rightarrow Q=0$$
$$Q=0,\ S=1 \Rightarrow \overline{Q}=0$$
以下同じ繰り返しになり $Q,\ \overline{Q}$ ともに 0 になる．

・$Q=0$ のとき　　$Q=0,\ S=1 \Rightarrow \overline{Q}=0$
$$\overline{Q}=0,\ R=1 \Rightarrow Q=0$$
以下同じ繰り返しになり $Q,\ \overline{Q}$ ともに 0 になる．

したがって，$Q,\ \overline{Q}$ ともに 0 になる．不正な動作が生じる可能性がある（発振したり不安定になったりする）．

> ✓チェック　動作解析は，状態が安定するまで繰り返すことが重要である．また，$Q=1$ と仮定したとしても，状態が安定するまでは，当然 $\overline{Q}=0$ になるものとみなしてはいけない．

以上の結果をまとめると，SR ラッチの内部状態は入力 S と R の値によって変化し，表 5.1(a) のようになる．この表の中で $Q(t)$ はラッチの現在の（入力が変化する前の）状態を表し，$Q(t+1)$ は入力が変化した後の状態を表す．$S=R=1$ の場合の入力を禁止とし，SR ラッチの機能表を表 5.1(b) のように表すことができる．

表 5.1　SR ラッチ

(a) 動作表

入力		次の状態	
S	R	$Q(t+1)$	$\overline{Q(t+1)}$
0	0	$Q(t)$	$\overline{Q(t)}$
0	1	0	1
1	0	1	0
1	1	0	0

(b) 機能表

入力		次の状態	機能
S	R	$Q(t+1)$	
0	0	$Q(t)$	保持
0	1	0	リセット
1	0	1	セット
1	1	—	—

5.2.3 タイミングチャート

信号の時間的変化を示したものを**タイミングチャート**とよぶ．SRラッチのタイミングチャートでは，時刻 t において入力が変化したとき，出力レベルの変化は $t+\Delta t$ で起こる．Δt は**動作遅延時間**である．

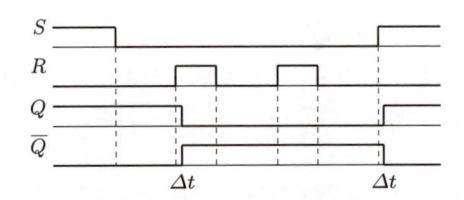

SRラッチのタイミングチャート例を図 5.4 に示す．横軸は時間，縦軸は電圧である．縦軸の電圧と論理値をたとえば，次のように対応させる．

　　高電圧　ハイ（high）→ "1"
　　低電圧　ロウ（low）→ "0"

ここで，ロウは 0 V（アース），ハイは 3～5 V 程度である．電圧による論理値の表現例を図 5.5 に示す．

図 5.4　SRラッチのタイミングチャート例

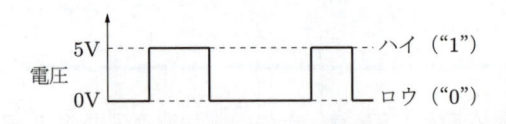

図 5.5　電圧による論理値表現

実際の電子回路では動作遅延時間 Δt があるが，Δt は入力の論理的な変化時間に比べてきわめて短いので，論理回路では $\Delta t = 0$ として扱うことが多い．本書では，以下の節では $\Delta t = 0$ とする．

5.3　D ラッチ

5.3.1 クロック

コンピュータの内部には，水晶振動子によるきわめて正確な時計（クロック）が内蔵され，**クロック信号**（パルス）とよばれる信号波形を発生する．図 5.6 に示すように，これは同じ周期をもった矩形波であり，コンピュータの各種の動作を引き起こすタイミングを与えるために使われる．論理ゲートやフリップフロップから構成される回路では，論理素子や配線による信号の伝搬遅延時間のばらつきによって動作時刻に

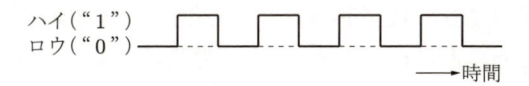

図 5.6　クロック信号

ばらつきが生じる．そこで一般に，コンピュータのような大規模システムでは，信号伝搬遅延によって生じるばらつきを避けるために，クロック信号に合わせて（同期させて）回路の各部分を動作させている．

SR ラッチはクロック入力端子をもたないので，クロック信号に同期させることはできない．非同期的な動作しかできないため，SR ラッチがコンピュータの論理回路の中で使用されることは少ない．よく使用されるラッチやフリップフロップはクロック入力端子をもち，クロック信号に同期して状態が変化する．

> ✓チェック　日常生活においても，綱引きや多人数でボートをこぐときに，太鼓の音やコックスの掛け声に合わせて（同期させて）力を入れるほうが力が入る．これが同期化の効果！

5.3.2　NOR ゲートによる D ラッチ

SR ラッチの状態をクロック信号に同期して変化させるようにした回路を D ラッチとよぶ．NOR ゲートによる SR ラッチを用いて実現した D ラッチを図 5.7(a) に示す．入力 D は記憶すべきデータ値であり，入力 C はクロック信号である．クロッ

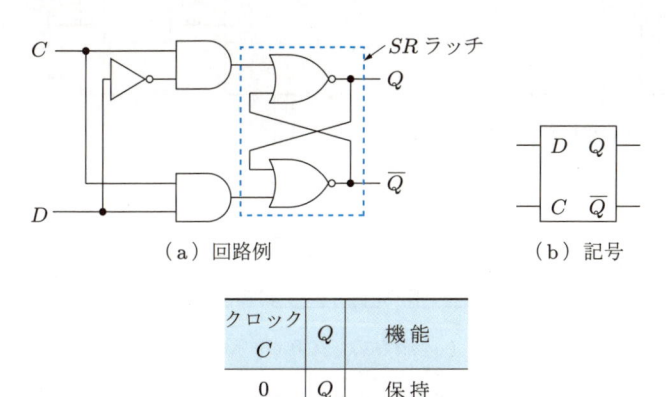

(a) 回路例　　　(b) 記号

クロック C	Q	機能
0	Q	保持
1	D	データ入力

(c) 機能表

図 5.7　D ラッチ

ク信号は，ラッチが入力 D の値を読み込んで記憶するタイミングを指定する．出力は内部状態の値 Q とその否定 $\overline{Q}$ である．この回路構成により，SR ラッチへの入力は 00, 01, 10 のいずれかであって，11 とはならない．

クロック信号 C がハイ（論理的に 1 の状態）のときラッチが開いたといい，この状態の間に入力 D の値がラッチに取り込まれる（図 5.8(a), (c) 参照）．つまり，入力 D の値が出力 Q の値になる．一方，クロック信号 C がロウ（論理的に 0 の状態）のときラッチが閉じたといい，この状態の間に入力 D の値がラッチに取り込まれることはない（図 5.8(b), (d) 参照）．したがって，出力 Q の値は最後にラッチが開いて取り込まれたときの値が保持される．ただし，クロック信号 C がハイからロウに変わるとき，入力 D の値は安定していなければならない．

D ラッチの論理記号と機能表を図 5.7(b), (c) にそれぞれ示す．また，D ラッチのタイミングチャート例を図 5.8 に示す（Q の初期値を 0 とする）．図 5.8(e) が最終的なタイミングチャートであるが，理解を助けるために，重要な遷移を同図 (a)〜(d) に示す．

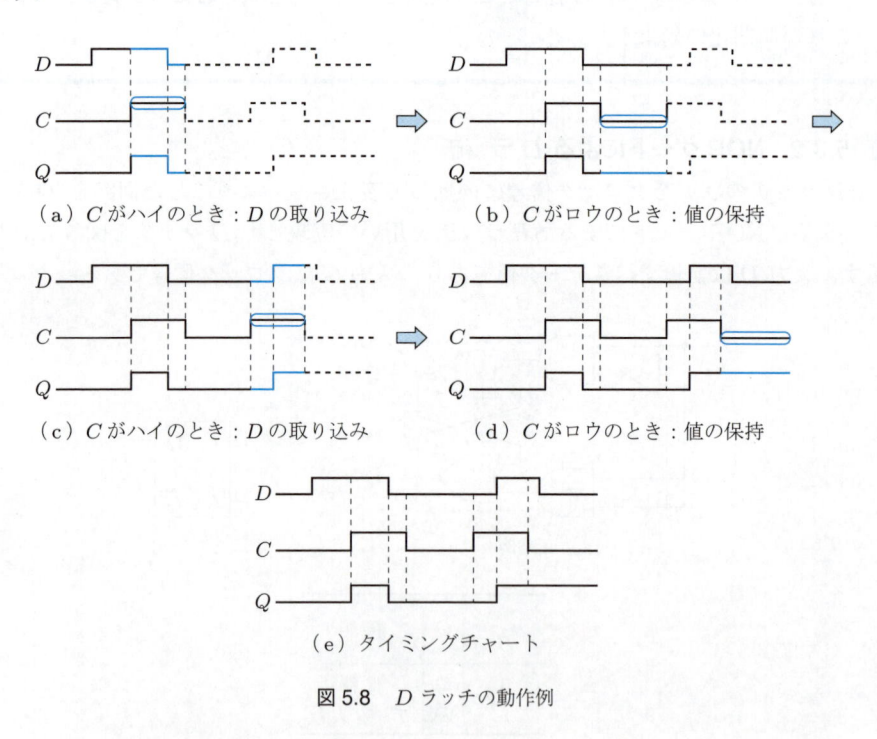

（a）C がハイのとき：D の取り込み　　（b）C がロウのとき：値の保持

（c）C がハイのとき：D の取り込み　　（d）C がロウのとき：値の保持

（e）タイミングチャート

図 5.8 D ラッチの動作例

> **✓チェック** 入力が変化してもクロック信号がハイでないと出力 Q は変化しないことに注意してほしい．つまり，クロック信号に同期して入力を拾っている．

5.4　D フリップフロップ

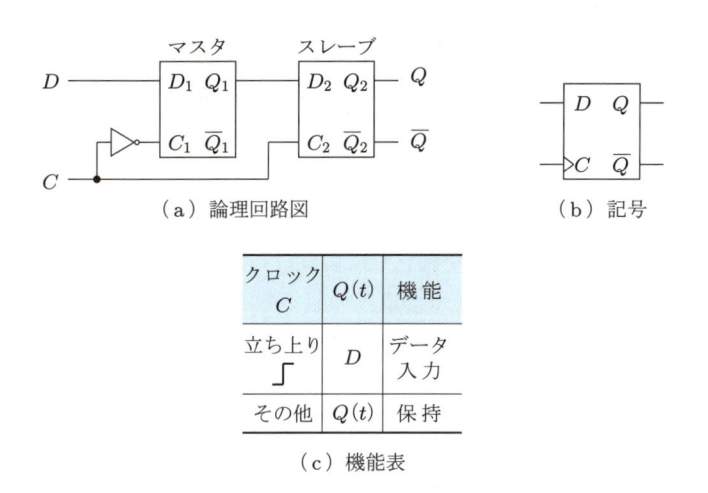

5.4.1　マスタスレーブ型 D フリップフロップ

　フリップフロップはラッチを用いて構成されることが多い．図 5.9(a) に示すように，位相が互いに反転したクロック信号を入力させた，二つの D ラッチを直列に接続した回路はマスタスレーブ型（master–slave）D フリップフロップとよばれる．クロック信号の立ち上がりで出力が変化するタイプの D フリップフロップの論理記号および機能表を，図 5.9(b)，(c) それぞれに示す．記号 ">" は，クロック入力が立ち上がりエッジで有効であることを意味する．

　D フリップフロップの動作例のタイミングチャートを図 5.10 に示す（Q の初期値を 0 とする）．クロック信号 C がロウになったとき，図 5.10(a)，(c) に示すように 1 段目のラッチ（マスタとよぶ）にはクロック信号の反転したものが C 端子に入力されるので，このラッチが開いて入力 D が取り込まれる．1 段目のラッチ出力が 2 段目のラッチ（スレーブとよぶ）に伝達されるが，このとき 2 段目のスレーブラッチは閉じたままであるので入力されない．次に，クロック信号 C がハイになると，図 5.10(b)，(d) に示すように 1 段目のマスタラッチは閉じるが，2 段目のスレーブラッチは開い

（a）論理回路図

（b）記号

クロック C	$Q(t)$	機能
立ち上がり ⌐	D	データ入力
その他	$Q(t)$	保持

（c）機能表

図 5.9　マスタスレーブ型 D フリップフロップ

(a) C がロウのとき：入力取り込み

(b) C がハイのとき：出力へ伝搬

(c) C がロウのとき：入力取り込み

(d) C がハイのとき：出力へ伝搬

入力と最終出力(Q_2)だけを考えると

(e) タイミングチャート

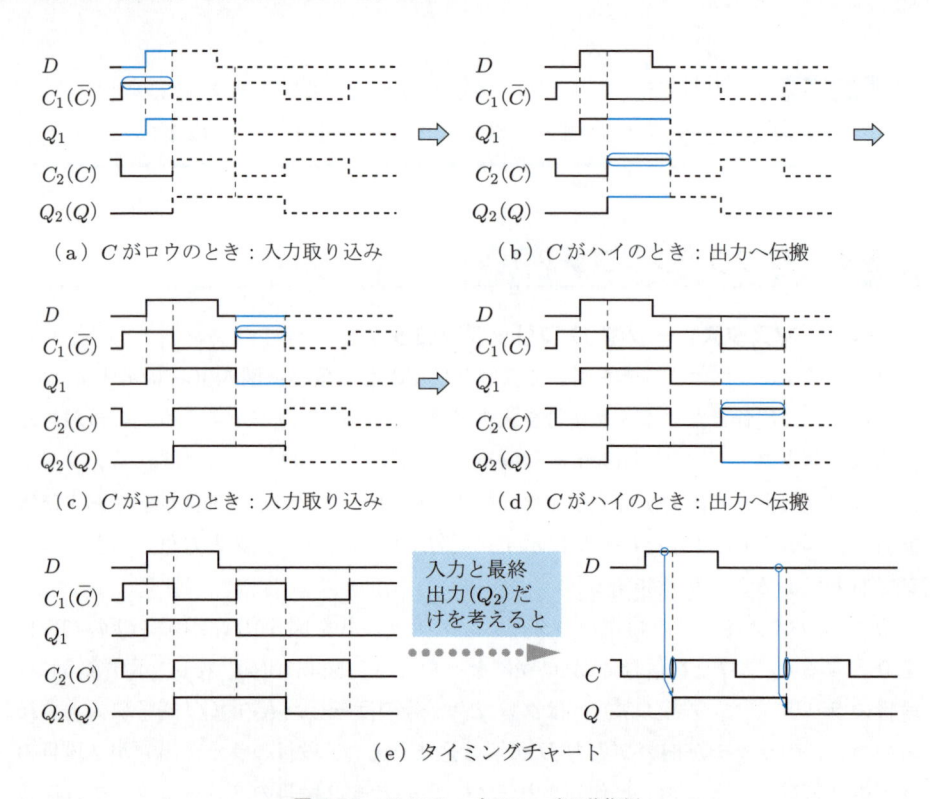

図 5.10　D フリップフロップの動作例

てマスタラッチの出力を入力として受け入れる．この結果，スレーブラッチの状態がマスタラッチの状態と同じになる．この間，マスタラッチは閉じたままでその状態は変化しない．したがって，全体としては，図 5.10(e) に示すようにクロック信号がロウからハイに変わる（これを立ち上りエッジという）直前の D の値を取り込み，それを Q に出力している．そして，それ以降は次のクロック信号の立ち上りエッジ直前まで，出力を保持し続けている．

D フリップフロップの動作で注意が必要な例を図 5.11 に示す．同図のクロック ② 〜⑤ の立ち上りと同時期に Q_1 が変化している．このような場合でも，Q_2 の入力となるのは，クロック信号の立ち上りの直前の値であることに注意してほしい．

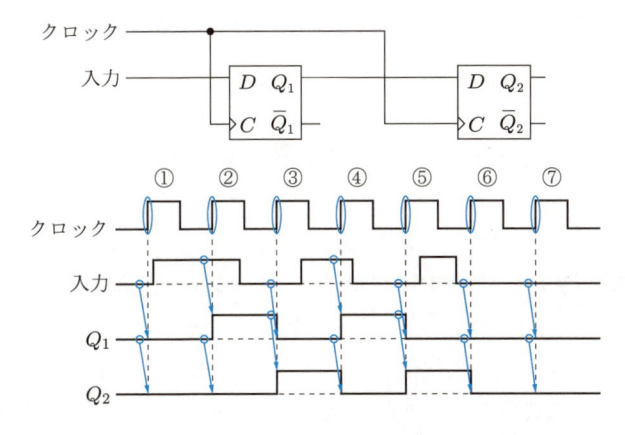

図 5.11　D フリップフロップの動作で注意が必要な例

> ☑チェック　フリップフロップやラッチでは，動作開始時の値（初期状態あるいは初期値という）が与えられないと以後の状態を決められない．これが順序回路の特徴である．

> アドバンス▶　マスタスレーブ型 D フリップフロップの図において，1段目の D ラッチのクロック入力端子の前の NOT ゲートを2段目の D ラッチのクロック入力端子の前に移せば，クロックの立ち下りエッジで状態が変化するタイプになる（フリップフロップの論理記号のクロック入力端子に，論理否定を意味する小丸がつけられる）．

5.4.2　ラッチとフリップフロップの違い

　ラッチとフリップフロップの違いを整理してみよう．どちらも1ビットの記憶回路であり，出力値は内部に記憶されている状態（値）と等しいのは同じである．また，よく使用されるラッチとフリップフロップはどちらもクロック入力端子を備えている．ラッチとフリップフロップの違いは，クロック信号によって状態が変更されるタイミングにある．

　ラッチはクロック信号がハイであれば，入力の変化に応じていつでも状態が変更される．すなわち，ラッチの状態が変化するのはクロック信号のレベルがハイ（"1"）となっている一定の時間幅の間である．これを"レベルセンシティブ"という．ラッチ

はクロック信号によって入力 D と内部状態 Q のどちらかを選択する回路と考えてもよい．

　一方，フリップフロップはクロック信号のエッジ（ロウからハイへの立ち上り，あるいはハイからロウへの立ち下り）でのみ状態が変更される．これを"エッジトリガ"という．

> **アドバンス** D フリップフロップには，マスタスレーブ型とは別の構成法によるエッジトリガ型のものがある．この回路は，二重のフィードバックをもつ 2 組の SR ラッチからなる前段部と，その出力を保持する後段の SR ラッチから構成される．立ち上りエッジトリガ型と立ち下りエッジトリガ型とがある．

> **アドバンス** フリップフロップに関しては，動作遅延時間以外にも考慮しなければならない時間がある．クロック信号のエッジで状態の変化が始まるが，このときフリップフロップの入力は，クロック信号のエッジの前後しばらくの間は有効でなければならない．有効とは，安定していて値が変わることがない（遷移途中でない）という意味である．クロック信号のエッジの前に入力が有効でなければならない最小時間をセットアップ時間とよぶ．また，クロック信号のエッジの後に入力が有効でなければならない最小時間をホールド時間とよぶ．

5.5　JK フリップフロップ

　二つの入力 J と K をもち，それらの組合せにより内部状態の保持，反転，セット，リセットのいずれかが選択されるフリップフロップを JK フリップフロップという．内部状態はクロック信号のエッジに同期して変更される．クロック信号の立ち上りで動作する JK フリップフロップの論理記号とその機能表を図 5.12(a), (b) にそれぞれ示す．また，JK フリップフロップの回路例を図 5.13 に示す．図のようにマスタスレーブ型となっている．

5.5 JKフリップフロップ

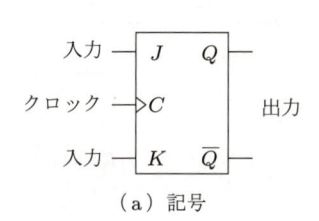

クロック C	入力 J	入力 K	次の状態 $Q(t+1)$	機 能
立ち上り ⌐	0	0	$Q(t)$	保持
	0	1	0	リセット
	1	0	1	セット
	1	1	$\overline{Q(t)}$	反転
その他	−		$Q(t)$	保持

（a）記号　　　　　　　　　　（b）機能表

図 5.12　JK フリップフロップ

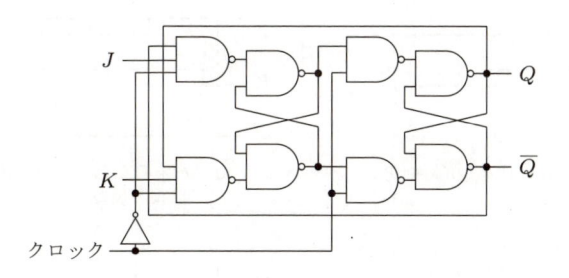

図 5.13　JK フリップフロップの回路例

例題 5.1　入力 J と K が図 5.14 に示すように変化するとき，出力 Q はどのようになるか．ただし，Q の初期値を $Q=0$ とする．

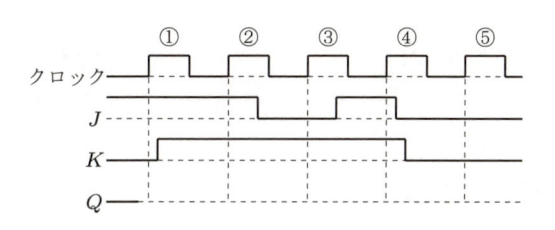

図 5.14　JK フリップフロップの動作

解　タイミングチャートを図 5.15 に示す．解答は図 (f) でよいが，理解を助けるために途中の遷移を図 (a)〜(e) に示す．

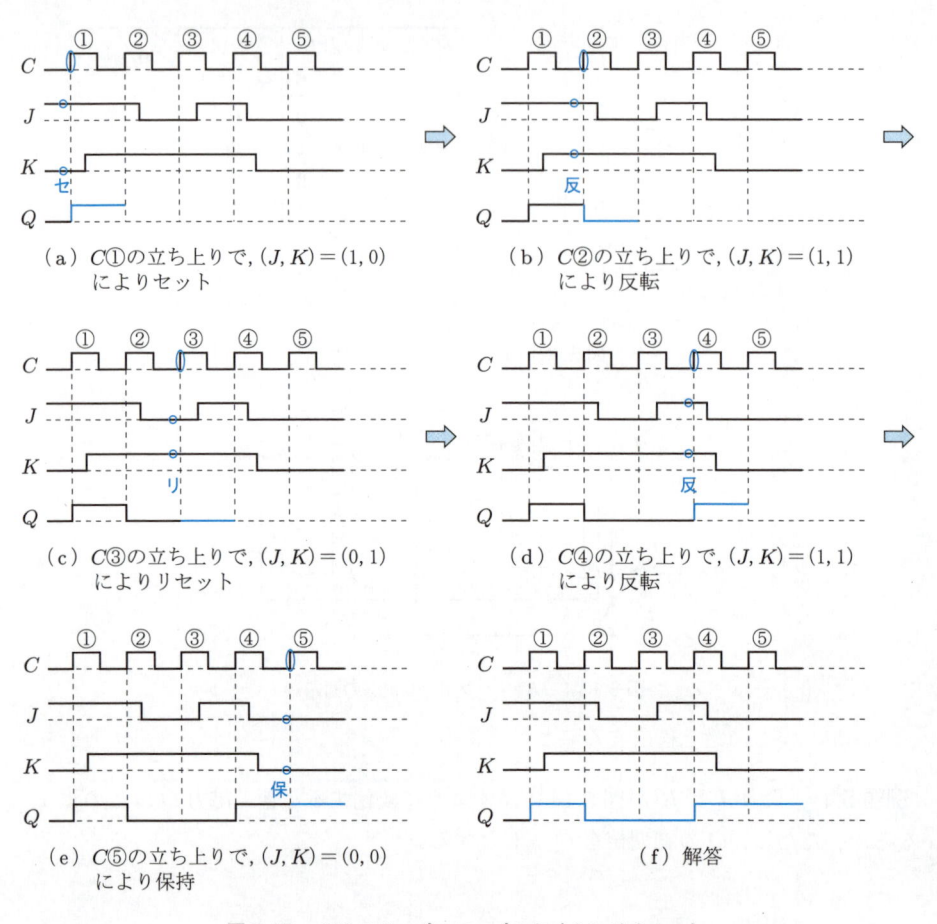

(a) C①の立ち上りで, $(J, K) = (1, 0)$ によりセット

(b) C②の立ち上りで, $(J, K) = (1, 1)$ により反転

(c) C③の立ち上りで, $(J, K) = (0, 1)$ によりリセット

(d) C④の立ち上りで, $(J, K) = (1, 1)$ により反転

(e) C⑤の立ち上りで, $(J, K) = (0, 0)$ により保持

(f) 解答

図 5.15　JK フリップフロップのタイミングチャート

5.6　T フリップフロップ

図 5.16(a) に示すように, JK フリップフロップの入力 J と K に同一の信号 T を接続すると, $T = 0$ であれば状態は保持され, $T = 1$ であればクロック信号が入力されるごとに状態が反転する. このような機能をもつものを T フリップフロップとよぶ. クロック信号の立ち上りエッジで動作する T フリップフロップの論理記号と機能表を図 5.16(b), (c) にそれぞれ示す.

(a) 構成法

(b) 記号

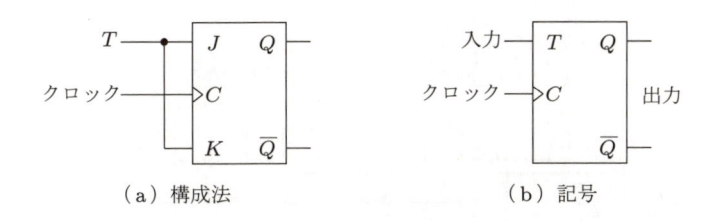

クロック C	入力 T	次の状態 $Q(t+1)$	機能
立ち上り	0	$Q(t)$	保持
⎍	1	$\overline{Q(t)}$	反転
その他	−	$Q(t)$	保持

(c) 機能表

図 5.16 T フリップフロップ

5.7 シフトレジスタ

JK フリップフロップや D フリップフロップを多段直列に接続すると，クロック信号が入るごとに，各段のフリップフロップの状態が隣接するフリップフロップに移動 (shift) する回路を構成することができる．このように構成された回路をシフトレジスタ (shift register) とよぶ．シフトレジスタは，記憶されている各段の状態（2 値データ）が制御信号（クロック信号）によって左右に桁移動する機能をもつ．フリップフロップを n 個並べて接続することによって，n ビットのシフトレジスタを構成できる．右桁移動する 3 段のシフトレジスタの回路例および動作例を図 5.17, 5.18 にそれぞれ示す．図 5.18(d) が最終的なタイミングチャートであるが，理解を助けるために途中の遷移を図 (a)～(c) に示す．

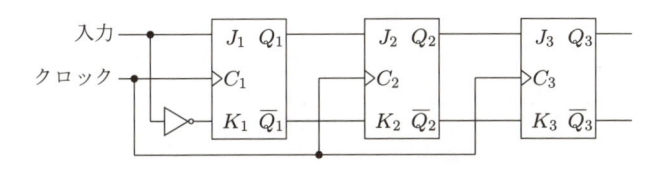

図 5.17 シフトレジスタの回路例

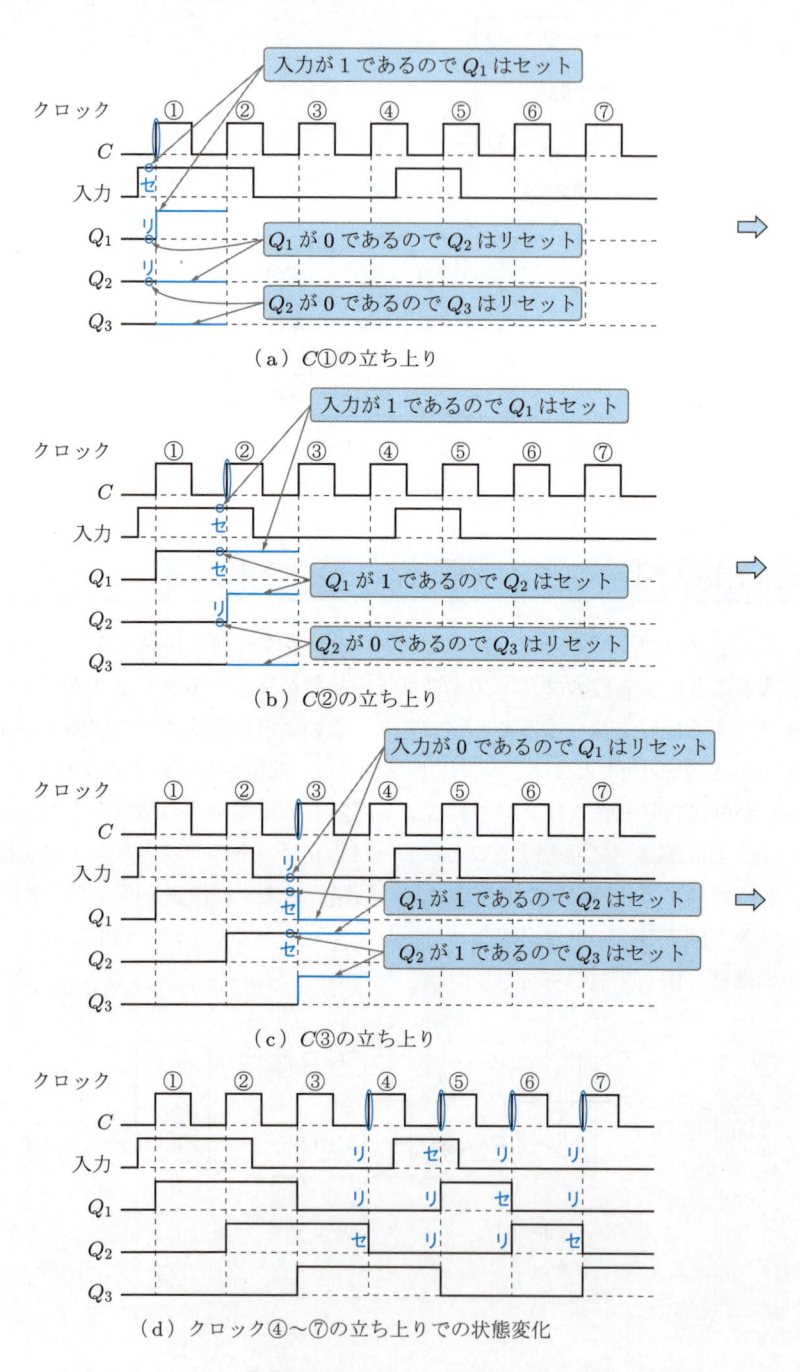

図 5.18 シフトレジスタの動作例

演習問題 5

5.1 図 5.19 に示す SR ラッチにおいて，図 5.20 のタイミングチャートに示す入力 S と R が与えられたとき，出力 Q の変化を記入せよ．ただし，Q の初期値は 0 とする．

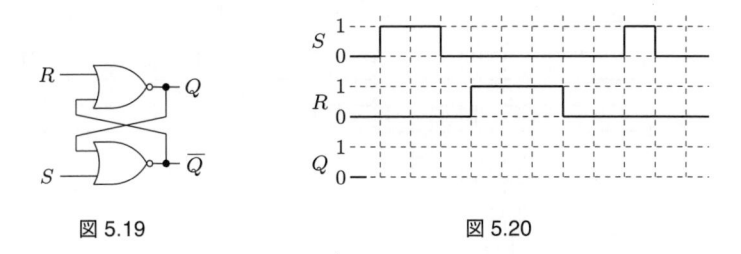

図 5.19

図 5.20

5.2 図 5.21 に示す D ラッチにおいて，図 5.22 のタイミングチャートに示す入力 D とクロック信号が与えられたとき，出力 Q の変化を記入せよ．ただし，Q の初期値は 0 とする．

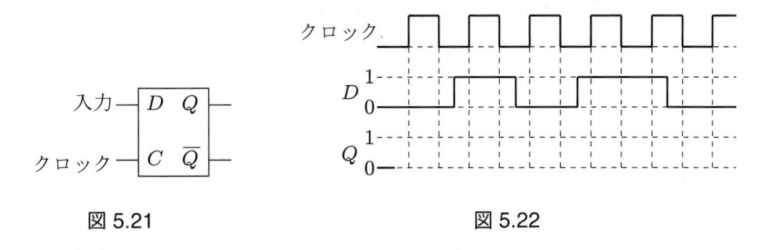

図 5.21

図 5.22

5.3 図 5.23 に示すマスタスレーブ型 D フリップフロップにおいて，図 5.24 のタイミングチャートに示す入力 D とクロック信号が与えられたとき，出力 Q の変化を記入せよ．ただし，Q の初期値は 0 とする．

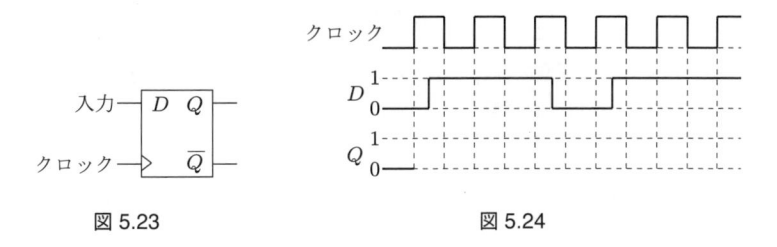

図 5.23

図 5.24

5.4 D ラッチを用いて構成される図 5.25 の回路において，図 5.26 のタイミングチャートに示す入力が加えられたとき，各ラッチの出力の変化を記入せよ．ただし，各ラッチの初期値は 0 とする．

5.5 マスタスレーブ型 D フリップフロップを用いて構成される図 5.27 の回路において，図 5.28 のタイミングチャートに示す入力が加えられたとき，各フリップフロップの出力の変化を記入せよ．ただし，各フリップフロップの初期値は 0 とする．

図 5.25

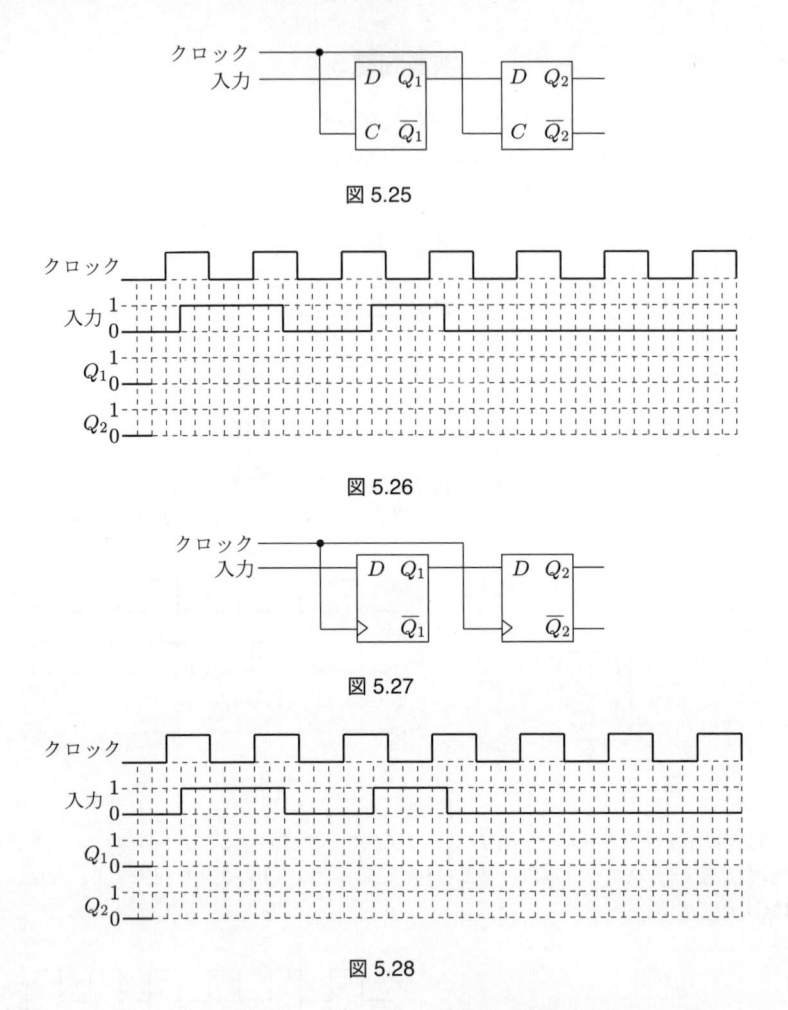

図 5.26

図 5.27

図 5.28

5.6 図 5.29 に示すマスタスレーブ型 JK フリップフロップにおいて，図 5.30 のタイミングチャートに示す入力とクロック信号が与えられたとき，出力 Q の変化を記入せよ．ただし，Q の初期値は 0 とする．

図 5.29

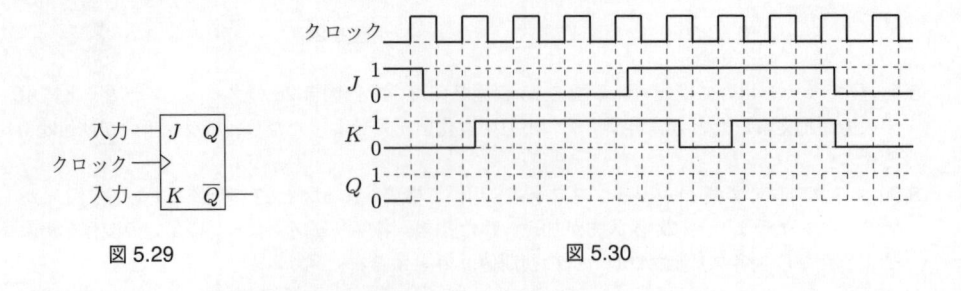

図 5.30

5.7 図 5.31 に示すマスタスレーブ型 JK フリップフロップを用いて構成された回路において，図 5.32 のタイミングチャートに示す入力とクロック信号が与えられたとき，各フリップフロップの状態の変化を記入せよ．ただし，各フリップフロップの初期値を左端に太線で示す．

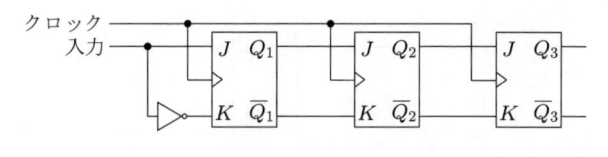

図 5.31

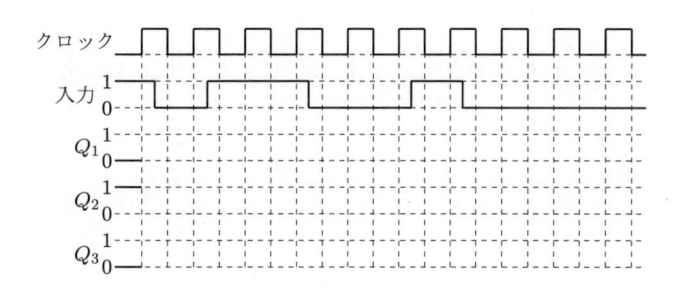

図 5.32

5.8 図 5.33 に示すマスタスレーブ型 T フリップフロップを用いて構成された回路において，図 5.34 のタイミングチャートに示す入力とクロック信号が与えられたとき，各フリップフロップの状態の変化を記入せよ．ただし，各フリップフロップの初期値を左端に太線で示す．

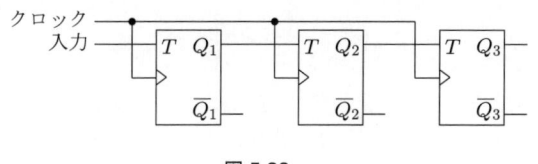

図 5.33

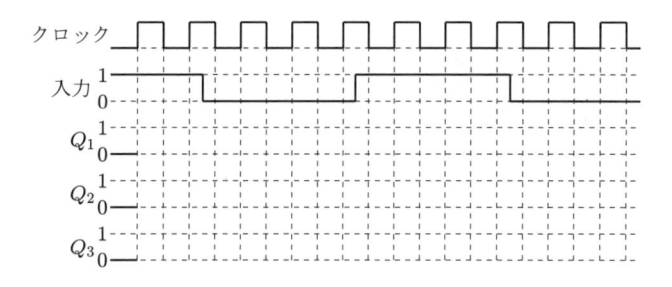

図 5.34

5.9 図 5.35 に示すマスタスレーブ型 T フリップフロップを用いて構成された回路において，図 5.36 のタイミングチャートに示す入力が与えられたとき，各フリップフロップの状態の変化を記入せよ．ただし，各フリップフロップの初期値を左端に太線で示す．

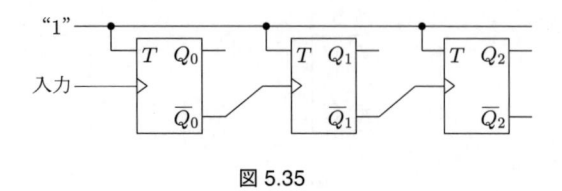

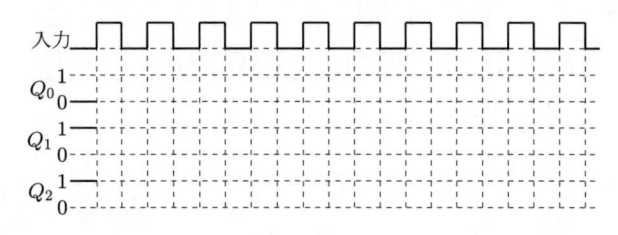

図 5.35

図 5.36

第6章　順序回路

ここでは，内部状態と入力によって出力が決まる順序回路を学ぶ．5章で学んだフリップフロップとラッチはもっとも簡単な順序回路である．これらと組合せ論理回路を組み合わせることにより，複雑な順序回路が構成できる．コンピュータの内部には，きわめて多数のさまざまな順序回路が使用されているが，コンピュータを一つの順序回路とみなすこともできる．

6.1　順序回路の概念

組合せ論理回路では，入力が与えられると出力の値は一義的に決まった．これに対して順序回路では，ある時点における出力の値はその時点での回路の内部状態と入力とで決まる．順序回路は図 6.1 に示すように，一般に組合せ論理回路と記憶回路（フリップフロップなど）とで構成される．順序回路においては，動作開始時の内部状態である初期状態が与えられないと，次の状態を決定できない．

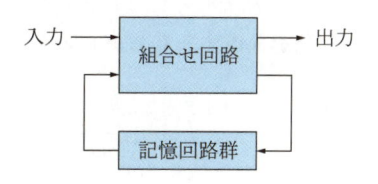

図 6.1　順序回路の概念

☑チェック　パソコンなどで，動作が不安定となったときに，リセットボタンを押して，内部状態を初期状態にするのはこのためである．

回路の状態の変化が一定の時間間隔（クロック信号の 1 周期の時間）でのみ起こるような回路を同期式順序回路，回路の状態変化が任意の入力変化時点で起こるような回路を非同期式順序回路という．

順序回路の代表的な例はカウンタ（counter）である．カウンタは，入力パルスの個

数を数えてその数を記録する回路であり，これには非同期式カウンタと同期式カウンタがある．また，入力されるパルス数に応じて値が0から順に増加するカウンタを**アップカウンタ**，パルスが入力されるごとに値が減少していくカウンタを**ダウンカウンタ**とよぶ．次節では，アップカウンタを中心にカウンタを説明する．

6.2 非同期式 2^n 進カウンタ

6.2.1 非同期式 8 進アップカウンタの動作解析

8進アップカウンタを例にとって動作を説明する．8進アップカウンタは表6.1に示すように，入力パルスごとにカウントアップする．この表で Q_k は 2^k 桁の値である．この表をみると次のことがわかる．

❶ Q_0 はパルスの入力ごとに反転（$0 \to 1$, $1 \to 0$）するから，Q_0 を記憶する回路としては，入力パルスが入るごとに状態が反転する回路を用いればよい．

❷ Q_1 は Q_0 が 1 から 0 になるときにのみ反転する．そこで，Q_1 を記憶する回路としては，Q_0 が 1 から 0，すなわち立ち下がるとき状態が反転する回路を用いればよい．

❸ Q_2 は Q_1 が 1 から 0 になるときにのみ反転する．そこで，Q_2 を記憶する回路としては，Q_1 が 1 から 0，すなわち立ち下がるとき状態が反転する回路を用いればよい．

このように，ある桁（最下位桁を除く）の値は直前の桁の値が1から0になるとき変化するという点に注目し，回路を構成するものが非同期式のアップカウンタである．

表6.1　8進アップカウンタの動作表

入力	Q_2	Q_1	Q_0
初期値	0	0	0
パルス 1	0	0	1
2	0	1	0
3	0	1	1
4	1	0	0
5	1	0	1
6	1	1	0
7	1	1	1
8	0	0	0
9	0	0	1

6.2.2 非同期式カウンタの基本回路

非同期式カウンタの動作解析からわかるように，非同期式 2^n 進カウンタを構成するためには，パルスが入力するごとに状態が反転する回路（反転回路）が必要である．図 6.2(a) は反転回路の実現例である．このように T フリップフロップの端子 T を常に "1" にしておくと，入力パルスが加わるごとに内部状態が反転する（$T = 0$ のときには，入力パルスが加わっても出力は変化しない）．

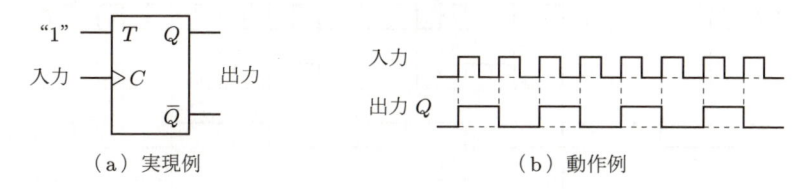

図 6.2 非同期式カウンタの基本回路と動作例

この反転回路に一定周期をもつパルスを入力したときの出力信号の変化を図 6.2(b) に示す．出力信号は入力信号の 2 倍の周期をもつ矩形波である．出力パルスの個数は入力パルスの 2 分の 1 であるので，この反転回路は 2 進 1 桁のカウンタと考えることができる．そこで，このような反転回路を非同期式 2 進カウンタの基本回路とよぶことにする．これと同一の機能をもつ基本回路は，JK フリップフロップの入力端子 J と K を常に "1" にすることによっても実現される．

なお，図 6.2 では入力パルスが等間隔となっているが，等間隔でなくても入力パルスごとに出力の値は反転する．

6.2.3 非同期式 2^n 進カウンタ

2 個の非同期式 2 進カウンタ基本回路を直列に接続することにより 4 進カウンタを，3 個の非同期式 2 進カウンタ基本回路を用いることにより 8 進カウンタを，一般に n 個の非同期式 2 進カウンタ基本回路を接続することにより 2^n 進カウンタを構成できる．3 個の非同期式 2 進カウンタ基本回路を用いた 8 進アップカウンタの回路図とそのタイミングチャートを図 6.3(a)，(b) にそれぞれ示す．2 段目のフリップフロップの入力端子に 1 段目のフリップフロップの $\overline{Q_0}$ 出力を接続することによって，Q_0 が 1 から 0 に立ち下がるときに Q_1 の状態を反転させることができることに注意する必要がある．

(a) 回路図

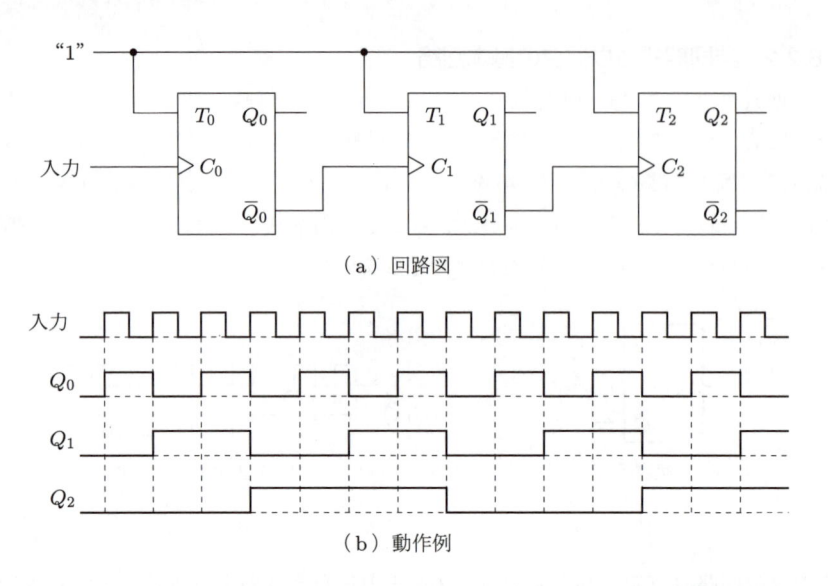

(b) 動作例

図 6.3 非同期式 8 進アップカウンタ

例題 6.1 JK フリップフロップを用いた非同期式 8 進アップカウンタの回路図を示せ．

解 図 6.4 に示す．

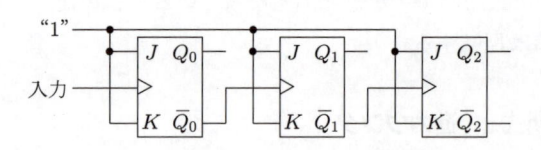

図 6.4 非同期式 8 進アップカウンタ

例題 6.2 非同期式 8 進ダウンカウンタの動作を示し，T フリップフロップを用いた回路図を示せ．

解 表 6.2, 図 6.5 に示す．

表 6.2　非同期式 8 進ダウンカウンタの動作表

入力	Q_2	Q_1	Q_0
初期値	1	1	1
パルス 1	1	1	0
2	1	0	1
3	1	0	0
4	0	1	1
5	0	1	0
6	0	0	1
7	0	0	0
8	1	1	1

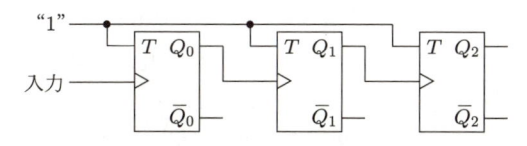

図 6.5　非同期式 8 進ダウンカウンタ

6.2.4　非同期式カウンタの問題点

5.2 節の最後に，本書では $\Delta t = 0$ として扱うとした．フリップフロップ 1 段ではそれでよいが，カウンタのように複数段つながっている場合は，後段ほど Δt の累積が無視できなくなる．

非同期式カウンタでは，入力パルスは最下位桁のフリップフロップのみに接続され，上段のフリップフロップは下位桁からの桁上げ入力によって動作し，入力パルスとは完全に同期していない．このことが非同期式とよばれる理由である．桁上げは最下位の桁から順次上位桁に向かって伝播されるので，カウンタを構成するフリップフロップの動作遅延時間が後段にいくに従って大きくなる．この結果，後段のフリップフロップでは出力の変化点が徐々にずれていく．次節で述べる同期式カウンタは，この問題点を解決できる．

6.3　同期式 2^n 進カウンタ

6.3.1　同期式 16 進アップカウンタの動作解析

16 進アップカウンタを例にとって動作を説明する．16 進アップカウンタは，入力パルスごとに表 6.3 に示すようにカウントアップする．この表の数値の変化は，非同

表 6.3　16 進アップカウンタの動作表

入力	Q_3	Q_2	Q_1	Q_0
初期値	0	0	0	0
パルス 1	0	0	0	1
2	0	0	1	0
3	0	0	1	1
4	0	1	0	0
5	0	1	0	1
6	0	1	1	0
7	0	1	1	1
8	1	0	0	0

期式の表と同じであるが，その変化の伝わり方の見方を変えるのである．同期式のカウンタは入力パルスを全桁に接続するので，数値の変化をトリガーに使うのではなく，状態変化の条件に使うことが特徴である．この表で Q_k は 2^k 桁の値である．この表をみると次のことがわかる．

❶　Q_0 はパルスの入力ごとに反転するから，Q_0 を記憶する回路としては入力パルスが入るごとに状態が反転する回路を用いればよい．

❷　Q_1 は Q_0 が 1 の状態のときにパルスが入力されると反転する．そこで，Q_1 を記憶する回路としては，Q_0 が 1 のときにのみ反転回路として動作するものであればよい．

❸　Q_2 は Q_0 と Q_1 がともに 1 の状態のときにパルスが入力されると反転する．そこで，Q_2 を記憶する回路としては，Q_0 と Q_1 がともに 1 のときにのみ反転回路として動作するものであればよい．

❹　同様にして，Q_3 を記憶する回路としては，Q_0 と Q_1 と Q_2 のすべてが 1 のときにのみ反転回路として動作するものであればよい．

これらをまとめると，ある桁（最下位桁を除く）の値は，それより下位のすべての桁の値が 1 のとき，パルスが入力されると変化するといえる．この点に注目して回路を構成するものが同期式のアップカウンタである．

● 6.3.2　同期式カウンタの基本回路

同期式カウンタの動作解析からわかるように，同期式 2^n 進カウンタを構成するためには，前段のすべてのフリップフロップ（桁）の値が "1" であるという条件が成り立つ場合に，パルスが入力するごとに状態が反転する回路が必要である．図 6.6(a) は，このような条件つき反転回路を T フリップフロップと AND ゲートから構成した例である．この図において，CIN は下位桁からの桁上げ入力信号であり，$COUT$ は上位

(a) 実現例

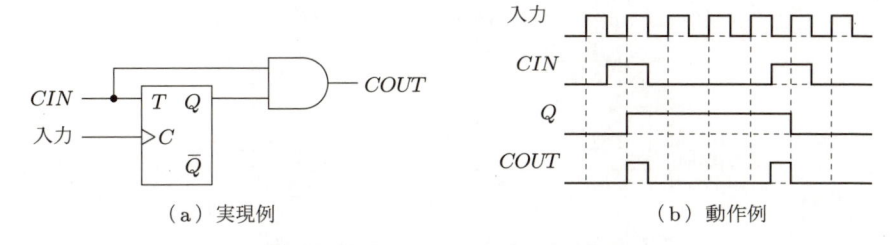

(b) 動作例

図 6.6　同期式カウンタの基本回路と動作例

桁への桁上げ出力信号である．下位桁からの桁上げ入力 CIN とフリップフロップの出力 Q との論理積が，次段への桁上げ出力 $COUT$ となる．図 6.6(a) の回路を同期式 2 進カウンタの基本回路とよぶことにする．この基本回路のタイミングチャートを図 6.6(b) に示す．パルスが入力したとき，CIN が "1" であるときに限り，T フリップフロップの状態が反転する．

● 6.3.3　同期式 2^n 進アップカウンタ

同期式 2 進カウンタ基本回路を 3 個直列に接続することによって，図 6.7 に示すように 2 進 3 桁 (8 進) のアップカウンタを構成できる．ある段の状態は，それより下位の桁がすべて 1 であり，かつ CIN が 1 のときに入力パルスが入ると反転する（そうでないときには変化しない）．初段では常に $CIN=1$ とすればよいし（非同期式カウンタと同じ），4 段目への桁上げはなくてよいので，結局 8 進アップカウンタの回路は図 6.8(a) のようになる．また，この回路のタイミングチャート例を図 6.8(b) に示す．

各段のフリップフロップの値は入力パルスに同期して変化するので，このカウンタは同期式カウンタとよばれる．また，各段の状態が同時に変化するので，並列型カウンタともよばれる．同期式 2 進カウンタ基本回路を n 個接続することにより，2^n 進アップカウンタを構成できる．

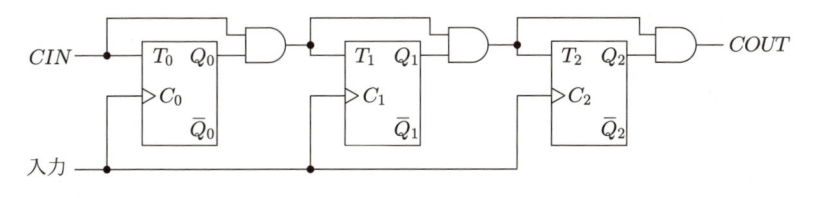

図 6.7　基本回路の 3 段接続

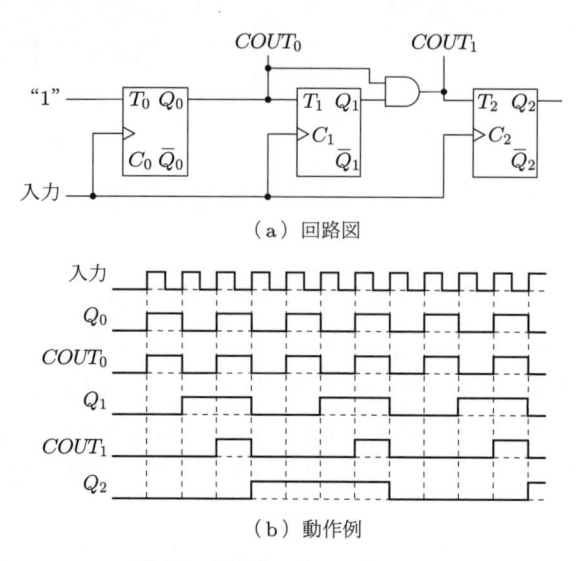

(a) 回路図

(b) 動作例

図 6.8　同期式 8 進アップカウンタ

> **例題 6.3**　同期式 8 進ダウンカウンタの動作を示し，JK フリップフロップを用いた同期式 8 進ダウンカウンタの回路図を示せ．
>
> **解**　表 6.4，図 6.9 に示す．

表 6.4　同期式 8 進ダウンカウンタの動作表

入力	Q_2	Q_1	Q_0
初期値	1	1	1
パルス 1	1	1	0
2	1	0	1
3	1	0	0
4	0	1	1
5	0	1	0
6	0	0	1
7	0	0	0
8	1	1	1

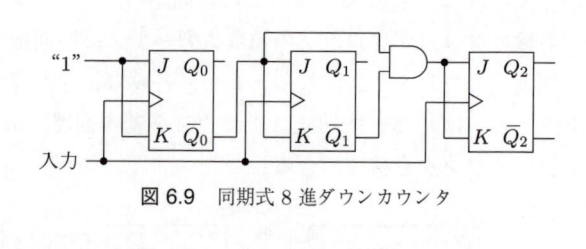

図 6.9　同期式 8 進ダウンカウンタ

> **✓チェック**　アップカウンタとダウンカウンタのそれぞれのつくり方に，非同期式と同期式がある．組み合わせて 4 種類のカウンタがある．これらの違いを理解できただろうか？　ここまで勉強してきた君にとっておきの図 6.10 を進呈しよう．これをみて，それぞれの特徴と回路構成を再確認しよう！

6.3 同期式 2^n 進カウンタ

	アップカウンタ（$0 \to 1 \to 2 \to 3 \to \cdots \to 7$）	ダウンカウンタ（$7 \to 6 \to 5 \to 4 \to \cdots \to 0$）
非同期式カウンタ 前提： 入力は最下段の C へ （上段ほど Δt が大きくなる）	入力 $Q_2\ Q_1\ Q_0$ 初期値 0 0 0 パルス1 0 0 1 2 0 1 0 3 0 1 1 4 1 0 0 5 1 0 1 6 1 1 0 7 1 1 1 8 0 0 0 動作の特徴： ・前段の立下り時に上段は反転 回路構成： ・全段の T へ "1" を入力（反転条件） ・前段の反転出力を上段の C へ入力（立下りを立上りへ変換）	入力 $Q_2\ Q_1\ Q_0$ 初期値 1 1 1 パルス1 1 1 0 2 1 0 1 3 1 0 0 4 0 1 1 5 0 1 0 6 0 0 1 7 0 0 0 8 1 1 1 動作の特徴： ・前段の立上り時に上段は反転 回路構成： ・全段の T へ "1" を入力（反転条件） ・前段の出力を上段の C へ入力
同期式カウンタ 前提： 入力は全段の C へ （全段の Δt は同一）	入力 $Q_2\ Q_1\ Q_0$ 初期値 0 0 0 パルス1 0 0 1 2 0 1 0 3 0 1 1 4 1 0 0 5 1 0 1 6 1 1 0 7 1 1 1 8 0 0 0 動作の特徴： ・前段がすべて "1" のときに入力パルスで上段は反転 回路構成： ・前段の出力、あるいはすべての前段の出力の AND を T へ入力（反転条件）	入力 $Q_2\ Q_1\ Q_0$ 初期値 1 1 1 パルス1 1 1 0 2 1 0 1 3 1 0 0 4 0 1 1 5 0 1 0 6 0 0 1 7 0 0 0 8 1 1 1 動作の特徴： ・前段がすべて "0" のときに入力パルスで上段は反転 回路構成： ・前段の反転出力、あるいはすべての前段の反転出力の AND を T へ入力（反転条件）

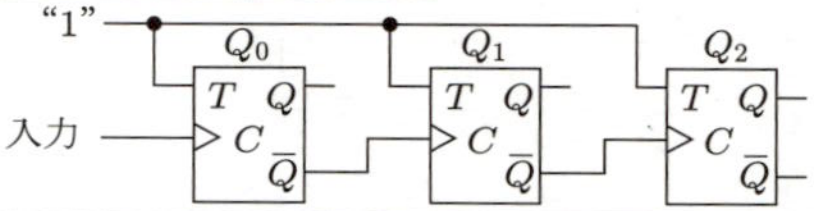

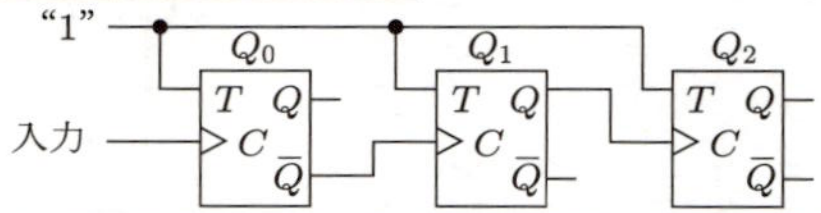

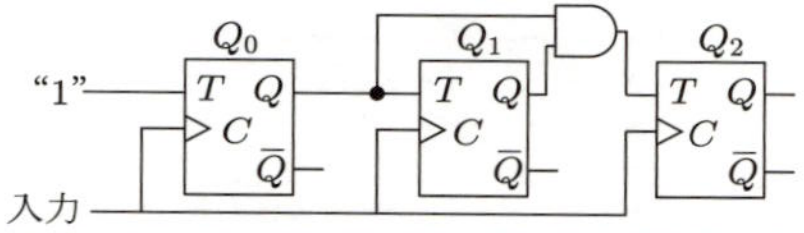

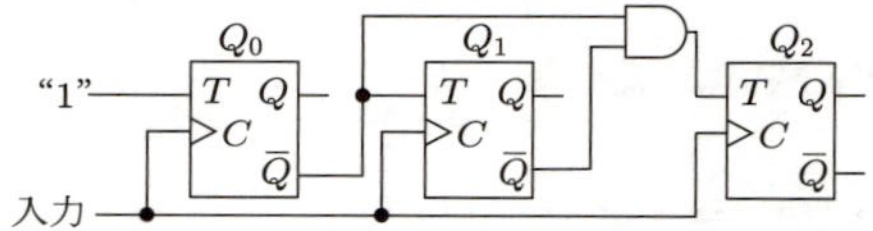

図 6.10　非同期式/同期式、アップ/ダウンカウンタのまとめ（8 進カウンタを例として）

6.4 N 進カウンタ（2^n 進以外のカウンタ）

0 から $N-1$ までカウントアップし，その後 0 に戻るカウンタを一般に N 進（あるいは mod N）カウンタという．N は一般の正整数である．ここでは，2^n 進以外の一般のカウンタに関しては，その動作解析だけに止め，設計理論には立ち入らない．

動作解析の例として，図 6.11 に示す回路を取り上げる．この回路において，入力パルスが加えられたときの各信号のタイミングチャートを求めてみよう．ただし，初期状態は $Q_0 = Q_1 = 0$ とする．動作のタイミングチャートは図 6.12 のようになる．理解を助けるために途中経過も示す．このタイミングチャートから Q_0 と Q_1 の変化を動作表に表すと，表 6.5 のようになる．ここで，Q_0 が下位桁，Q_1 が上位桁である．10 進で 3 になるときに 0 にリセットするから，この回路は 3 進アップカウンタであることがわかる．

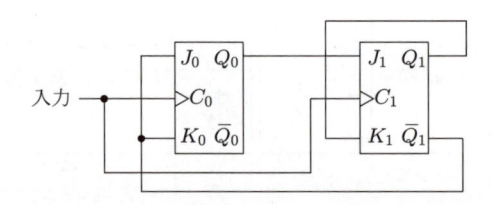

図 6.11 2^n 進以外のカウンタ回路例

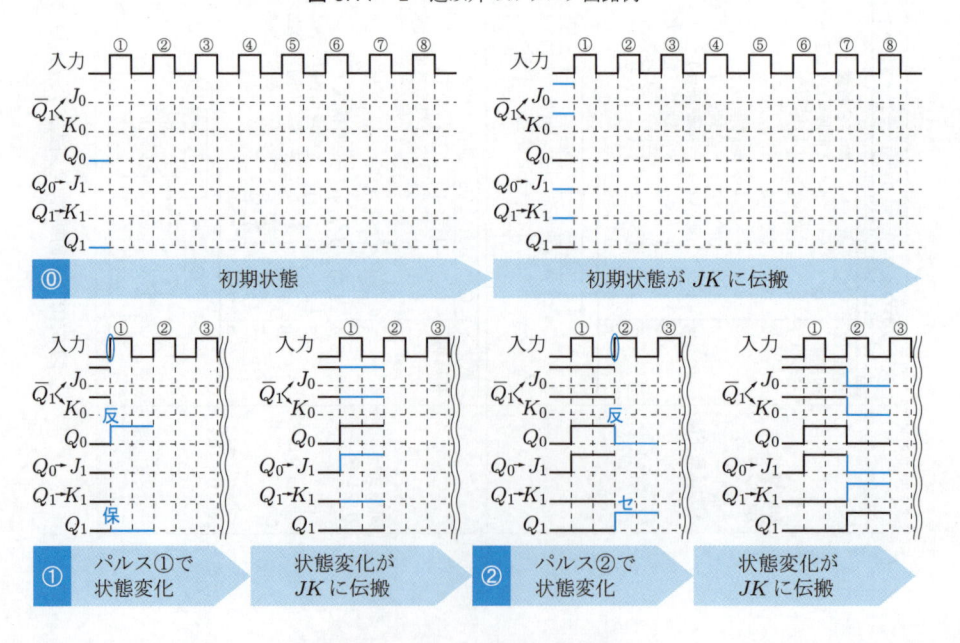

図 6.12 図 6.11 の回路の解析 (1)

6.4 N進カウンタ（2^n進以外のカウンタ）

③ パルス③で状態変化　　状態変化が JK に伝搬　　④ パルス④で状態変化

状態変化が JK に伝搬　　⑤〜⑧ パルス⑤〜⑧で状態変化

| N | 0 | 1 | 2 | 0 | 1 | 2 | 0 | 1 | 2 |

2 ビットを 2 進数とした値

タイミングチャート

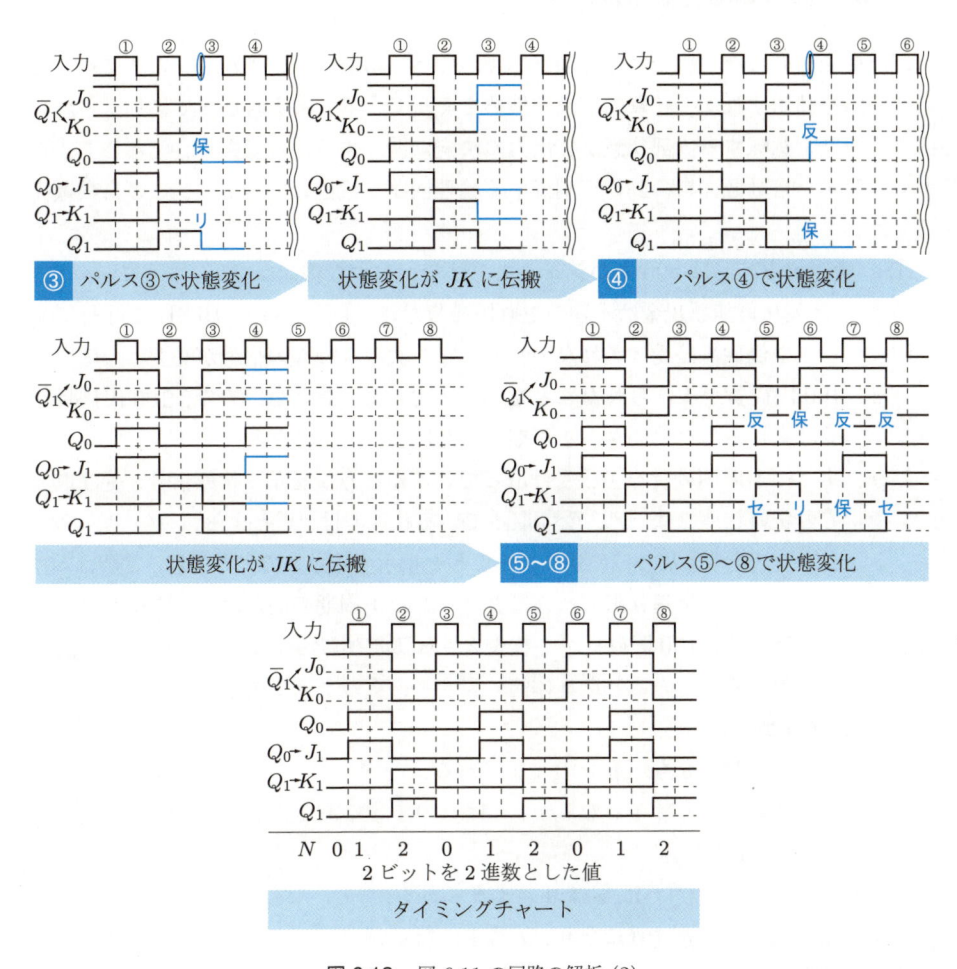

図 6.12　図 6.11 の回路の解析 (2)

表 6.5　図 6.11 の回路の動作表

入力	Q_1	Q_0	値
初期状態	0	0	0
パルス①	0	1	1
パルス②	1	0	2
パルス③	0	0	0
パルス④	0	1	1

6.5　簡単な順序回路の設計例

記憶機能をもたない組合せ論理回路で実現できる機能は限定される．これに対して順序回路を利用すれば，一般的な論理機能を実現できる．ある時点までに加えられた入力の履歴を意味する内部状態が，出力の決定に関与するからである．例として，きわめて簡単な自動販売機の動作を制御する論理回路を設計してみよう．この自動販売機では，

① 販売する商品は 200 円のジュースだけで，おつり機能はない．
② 受け入れ可能な現金は本物の 100 円硬貨だけ（1 円，5 円，10 円，50 円，500 円，ましてや偽硬貨は受け入れない）とする．次の 3 種類の信号が必要になる．

x：100 円硬貨が入れられたことを示す入力信号．常時は "0" で，100 円硬貨を受け入れるとクロックの 1 周期の間だけ値が "1" になる．

y：すでに 100 円硬貨を 1 枚受け取っているかどうかを示す状態信号．受け取っていない状態では "0"，受け取っている状態では "1" とする．

z：ジュースを取り出し口に送り出すことを指示するための出力信号．常時は "0" で，ジュースを送り出すときにクロックの 1 周期の間だけ "1" になる．

実現すべき機能は，100 円硬貨が 2 枚投入されるたびに，ジュースを取り出し口に送り出すことである．このことを具体的に表すと，次のようである．

(1) 状態 y が 0 のとき
　x が 0 であれば，y も z も 0 のままである．
　x が 1 であれば，y は 1 となるが，z は 0 のままである．
(2) 状態 y が 1 のとき
　x が 0 であれば，y は 1，z は 0 のままである．
　x が 1 であれば，y は 0 になり，z は 1 になる．

この機能を図的に表すと，図 6.13 のようになる．これを状態遷移図とよぶ．丸印は節点（ノード，node）といい内部状態を表し，矢印（アーク，arc）は状態の遷移先を表す．節点中の数字は状態番号を表す．矢印につけられたラベルは x/z を表す．たとえば 1/1 は，入力 x が 1 のときに出力 z が 1 になることを意味する．

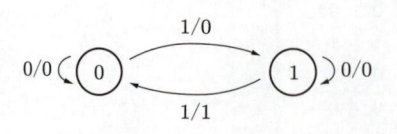

図 6.13　状態遷移図

表 6.6　真理値表

$Q(t)$	$x(t)$	$Q(t+1)$	$z(t)$
0	0	0	0
0	1	1	0
1	0	1	0
1	1	0	1

内部状態 y をフリップフロップの状態 Q として記憶することにすれば，表 6.6 に示す真理値表が得られる．この表で，$Q(t)$ は時刻 t の状態（y の値）であり，$Q(t+1)$ は次の時刻 $t+1$（クロックの 1 周期後）の状態を表す．この関係を式で表すと，

$$Q(t+1) = \overline{Q(t)}x(t) + Q(t)\overline{x(t)}$$
$$z(t) = Q(t)x(t)$$

となる．したがって，内部状態 y の記憶素子として D フリップフロップを用いることにすれば，論理回路図は図 6.14 に示すようになる．

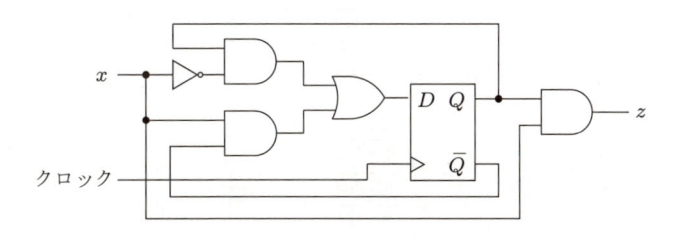

図 6.14 自動販売機の論理回路例

例題 6.4 JK フリップフロップを用いれば，もっと簡単な回路で図 6.14 と同じ機能を実現できる．どうすればよいか．

ヒント 表 6.6 の見方を変える．

解 表 6.6 を表 6.7 のように書き換える．すると，x が 0 のときは Q は保持され，x が 1 のときは Q は反転することがわかり，x を JK フリップフロップの J と K に接続すればよい．回路図を図 6.15 に示す．

表 6.7 表 6.6 の見方を変えた真理値表

$Q(t)$	$x(t)$	$Q(t+1)$	$z(t)$
0	0	0	0
1	0 保	1	0
0	1	1	0
1	1 反	0	1

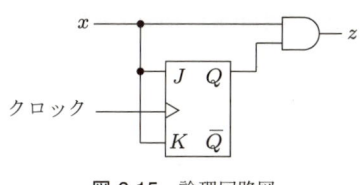

図 6.15 論理回路図

演習問題 6

6.1 非同期式 8 進ダウンカウンタに関して以下の設問に答えよ．

（1）8 進ダウンカウンタが満たすべき動作を表 6.8 に記入せよ．ここで，Q_0 は最下位ビットの値である．

表 6.8

入力	Q_2	Q_1	Q_0
初期状態	1	1	1
パルス 1			
2			
3			
4			
5			
6			
7			
8			
9			

（2）空欄を適切な字句または記号で埋めよ．
表 6.8 をみると，
① Q_0 の状態は（　　　）ごとに反転する．
② Q_1 の状態は Q_0 が（　　　）ときだけ反転する．
③ Q_2 の状態は Q_1 が（　　　）ときだけ反転する．
したがって，図 6.16 に示す 3 個の T フリップフロップを用いてダウンカウンタを構成するには，Q_0 フリップフロップには（　　　）を入れ，Q_1 フリップフロップには（　　　）を入れ，Q_2 フリップフロップには（　　　）を入れればよい．

（3）こうした考えに基づいて，図 6.16 がダウンカウンタの回路になるように結線せよ．

（4）このダウンカウンタのタイミングチャートを図 6.17 に記入せよ．ただし，各フリップフロップの初期値は左端に太線で示す．

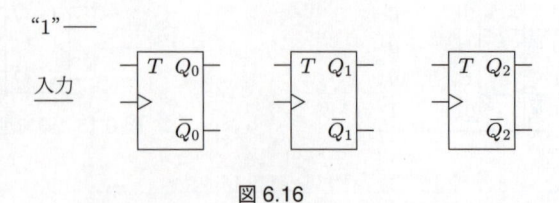

図 6.16

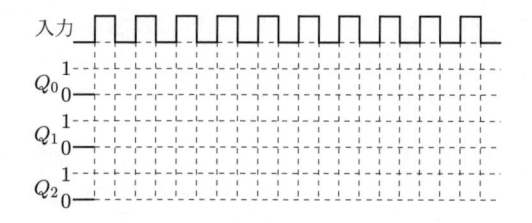

図 6.17

6.2 図 6.18 に示す 4 個のマスタスレーブ型 JK フリップフロップを用いて，同期式ダウンカウンタの回路図を作成せよ．また，各段のフリップフロップの状態の変化を図 6.19 のタイミングチャートに記入せよ．ただし，各フリップフロップの初期値は左端に太線で示す．

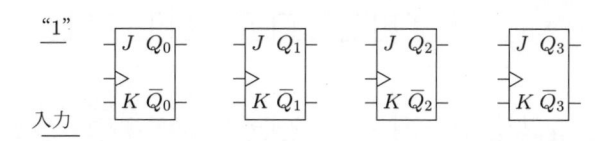

図 6.18

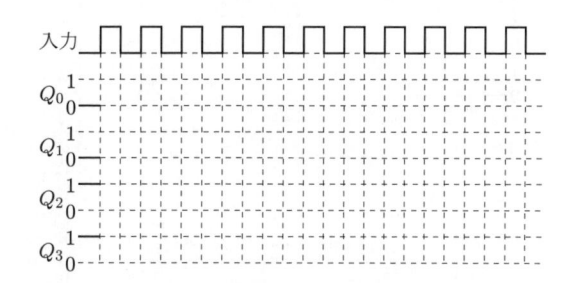

図 6.19

6.3 制御入力によってアップカウンタにもダウンカウンタにも切り替えることのできる同期式アップダウンカウンタをつくるにはどうすればよいか．図 6.20 に示す 2 個の JK フリップフロップを用いて同期式 4 進アップダウンカウンタの回路図を作成せよ．ただし，UP ENABLE 線を "1"，DOWN ENABLE 線を "0" にしたときにアップカウンタになり，その逆にするとダウンカウンタになるように回路を構成せよ．必要に応じて論理ゲートを使え．

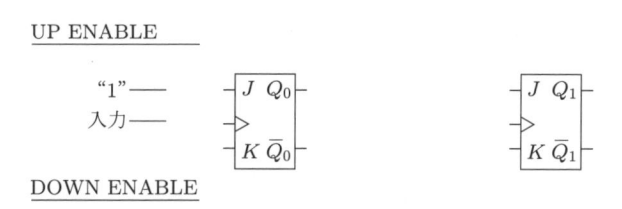

図 6.20

6.4 図 6.21 はマスタスレーブ型 T フリップフロップを 4 段に接続した同期式 16 進アップカウンタである．このカウンタの各信号の変化を図 6.22 のタイミングチャートに記入せよ．ただし，各フリップフロップの初期値は左端に太線で示す．

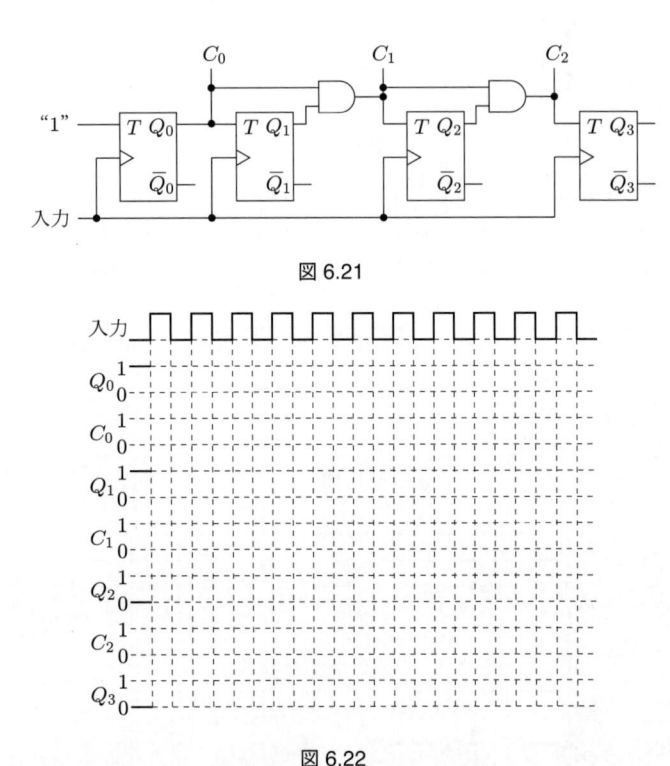

図 6.21

図 6.22

6.5 図 6.23 の回路の動作を次の手順によって解析せよ．

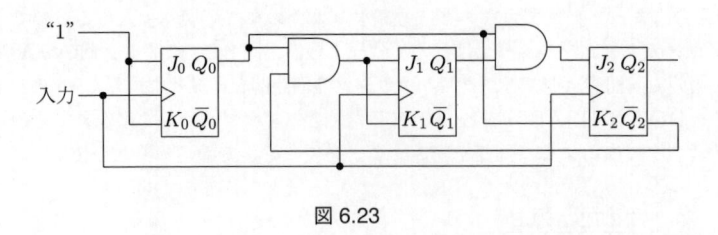

図 6.23

(1) この回路のタイミングチャートを図 6.24 に記入せよ．各段のフリップフロップの初期値をすべて "0" とせよ．

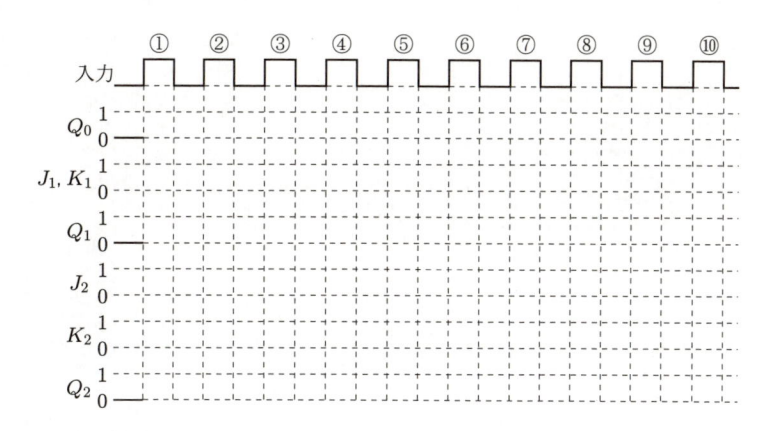

図 6.24

(2) Q_0, Q_1, Q_2 の値を表 6.9 に記入せよ．

表 6.9

入力	Q_2	Q_1	Q_0	入力	Q_2	Q_1	Q_0
初期状態	0	0	0	パルス ⑤			
パルス ①				パルス ⑥			
パルス ②				パルス ⑦			
パルス ③				パルス ⑧			
パルス ④				パルス ⑨			

(3) Q_0, Q_1, Q_2 が表 6.9 のように変化するので，この回路は（　　　）進（　　　）カウンタである．空欄に入る字句を答えよ．

演習問題解答

第1章

1.1 $11011_2 = 27$, $1111.1101_2 = 15.8125$

1.2 $109 = 1101101_2$, $131.5625 = 10000011.1001_2$

1.3 $556_8 = 366$, $29.B8_{16} = 41.71875$

1.4 $0.375 = 0.3_8$, $131.5625 = 203.44_8$

1.5 $0.84375 = 0.D8_{16}$, $26.375 = 1A.6_{16}$

1.6 $3242_8 = 6A2_{16}$, $2571_8 = 579_{16}$

1.7 $5C7_{16} = 2707_8$, $7B3_{16} = 3663_8$

1.8 $1011_2 + 1110_2 = 11001_2$, $1101_2 - 1010_2 = 11_2$, $15_8 + 14_8 = 31_8$, $A1_{16} - 6_{16} = 9B_{16}$

1.9 2の補数 $= 00111$

1.10 $1110101110 01_2 = -327$, $101110011000_2 = -1128$

1.11 $+13 = 00001101$, $-24 = 11101000$

1.12 $11011_2 - 1001_2 = 11011 - \boxed{0}1001 = \boxed{0}11011 - \boxed{00}1001 = \boxed{0}11011 + \boxed{110111}$
$= \boxed{010010}$

1.13 解表 1.1

解表 1.1

2進数	8進数	10進数	16進数
01010101	125	85	55
11111011	373	−5	FB
01111111	177	127	7F

1.14 $i : \boxed{01010101}$, $j : \boxed{11101010}$, $k : \boxed{00111111}$

1.15 $\boxed{0111111111111111}$, $7FFF_{16}$, 32767, $\boxed{1000000000000000}$, 8000_{16}, -32768

1.16 $3.125 = 3.1_8 = 11.001_2 = 1.1001_2 \times 2^1$,
$\boxed{10000000}$, $\boxed{01000000100100000000000000000000}$, 40480000_{16}

1.17 $0.15625 = 0.12_8 = 0.00101_2 = 1.01_2 \times 2^{-3}$, $\boxed{01111100}$,
$\boxed{00111110001000000000000000000000}$, $3E200000_{16}$

1.18 -9.375

1.19 $01000010001001011000000000000000$

1.20 $0.1 = (0.063146\cdots)_8 = (0.0001100110011001100 11\cdots)_2$
$= (1.100110011001100 11\cdots)_2 \times 2^{-4}$, $\boxed{00111101110011001100110011001100}$
$1.1001100110011001100 11_2 \times 2^{-4} = 0.063146314_8$, 0.099999994, 6×10^{-9}

第2章

2.1 （1） $2^{12} = 4096$
（2） 少なくとも6ビット必要

2.2 解図 2.1

(1)	c_1	c_2	c_3	c_4	c_5	c_6	c_7	c_8
b_1	1	1	0	1	1	0	0	0
b_2	0	0	0	0	0	0	1	0
b_3	1	1	0	0	0	0	1	0
b_4	1	①	0	1	⓪	1	1	1
b_5	0	0	0	0	1	1	0	1
b_6	0	0	0	0	1	1	1	0
b_7	1	①	1	1	①	0	0	1
b_8	1	0	0	0	0	1	1	X

(2)	c_1	c_2	c_3	c_4	c_5	c_6	c_7	c_8
b_1	1	1	1	⓪	①	1	0	0
b_2	0	0	0	①	⓪	1	1	0
b_3	0	0	0	①	⓪	1	0	1
b_4	1	0	1	①	⓪	1	0	1
b_5	0	1	1	⓪	①	1	0	1
b_6	0	1	1	①	①	1	0	0
b_7	1	0	0	⓪	①	0	1	0
b_8	0	0	1	⓪	⓪	1	1	X

解図 2.1

2.3 解図 2.2，◯ (1)，◯ (2)，✕ (3)，◯ (4)，◎ (5)

	c_1	c_2	c_3	c_4	c_5	c_6	c_7	c_8	c_9
b_1	0	0	1	1	0	1	0	1	0
b_2	1	1	0	1	0	0	1	0	0
b_3	0	1	1	0	1	0	1	1	1
b_4	0	0	1	1	0	1	1	0	0
b_5	1	1	1	0	0	1	0	1	1
b_6	1	0	0	1	0	1	0	0	1
b_7	0	1	0	1	1	0	1	0	0
b_8	1	0	0	1	0	0	0	1	X

解図 2.2

2.4 a：ウ, b：オ, c：キ, d：ウ, e：イ, f：オ, g：キ

2.5 | 1111 | 0001 | 1111 | 0000 | 1101 | 0111 |

第3章

3.1 解表 3.1
3.2 解表 3.2

解表 3.1

A	B	C	$A+B$	$A+C$	$\overline{A}$	$\overline{B}$	$\overline{A}+\overline{B}$	X
0	0	0	0	0	1	1	1	0
0	0	1	0	1	1	1	1	0
0	1	0	1	0	1	0	1	0
0	1	1	1	1	1	0	1	1
1	0	0	1	1	0	1	1	1
1	0	1	1	1	0	1	1	1
1	1	0	1	1	0	0	0	0
1	1	1	1	1	0	0	0	0

解表 3.2

入力			出力		
A	B	C	X	Y	Z
0	0	0	0	0	0
0	0	1	1	0	0
0	1	0	1	0	0
0	1	1	1	1	0
1	0	0	1	0	0
1	0	1	1	1	0
1	1	0	1	1	0
1	1	1	1	0	1

3.3 （1）解図 3.1
（2）解図 3.2
（3）解図 3.3

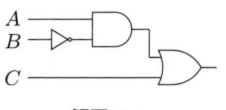

解図 3.1 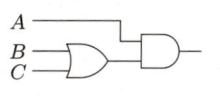　　　　　　　　　解図 3.2

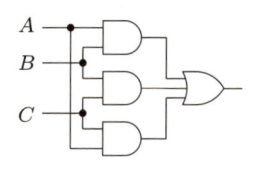

解図 3.3

3.4　（1）00001010　　（2）11101111　　（3）01000111
3.5　解表 3.3

解表 3.3

A	B	C	$\overline{A}\,\overline{C}$	AB	BC	$AB+BC+\overline{A}\,\overline{C}$	B	$\overline{A}\,\overline{C}$	$B+\overline{A}\,\overline{C}$
0	0	0	1	0	0	1	0	1	1
0	0	1	0	0	0	0	0	0	0
0	1	0	1	0	0	1	1	1	1
0	1	1	0	0	1	1	1	0	1
1	0	0	0	0	0	0	0	0	0
1	0	1	0	0	0	0	0	0	0
1	1	0	0	1	0	1	1	0	1
1	1	1	0	1	1	1	1	0	1

3.6 $X=(B+C)(A+C)(A+B)$
3.7 $X=A(B+C)$
3.8 $X=ABC$
3.9 ① $\overline{A}\,\overline{B}C$ ② ABC ③ $AB\overline{C}$ ④ $A\overline{B}$
3.10 $X=(\overline{A}+\overline{B})\overline{C}$, 解図 3.4, 3.5

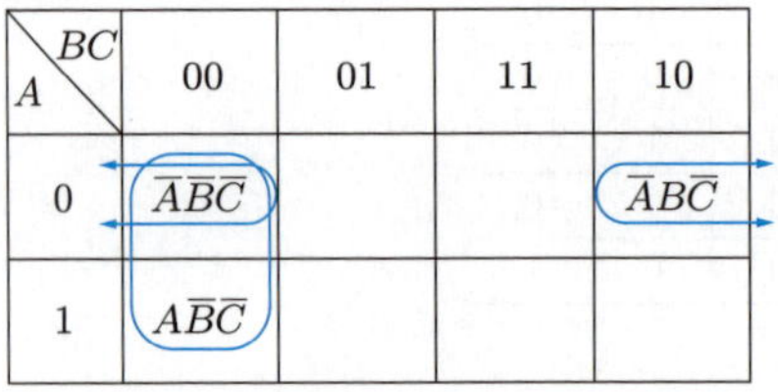

解図 3.4

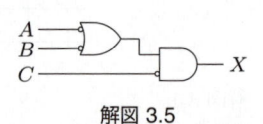

解図 3.5

3.11 (1) $X_1=\overline{A}\,\overline{B}+C$, 解図 3.6
(2) $X_2=A+B+\overline{C}$, 解図 3.7

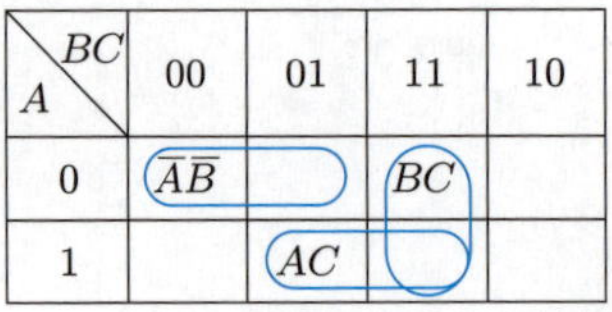

解図 3.6

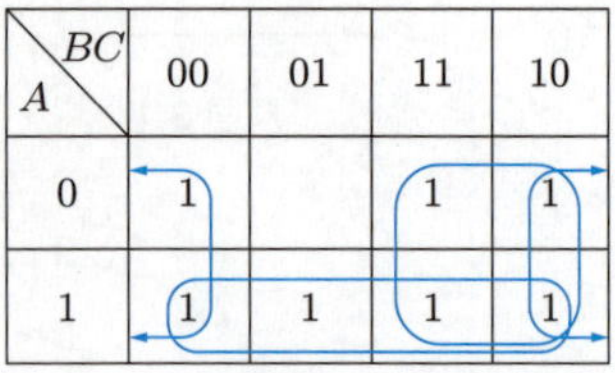

解図 3.7

3.12 (1) AB
(2) $A(B+C)$
3.13 a:ウ, b:コ, c:キ, d:ケ, e:カ
3.14 $X=A+\overline{B}+\overline{D}$

3.15 （1）解図 3.8
（2）解図 3.9
（3）解図 3.10

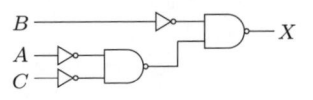

解図 3.8

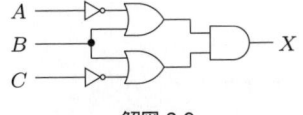

解図 3.9

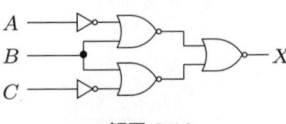

解図 3.10

3.16 解図 3.11

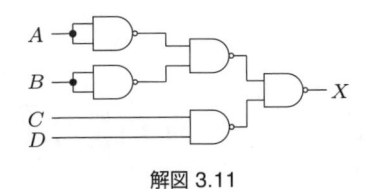

解図 3.11

3.17 （1）解図 3.12
（2）解図 3.13

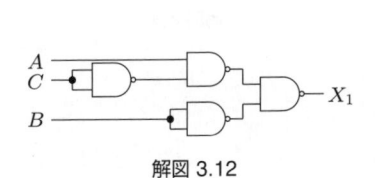

解図 3.12

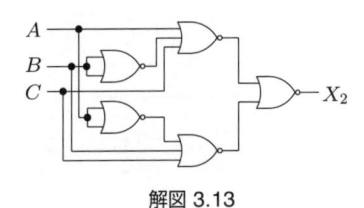

解図 3.13

3.18 a：イ, b：オ, c：ア, d：ウ, e：エ, f：イ, g：エ, h：ア, i：オ, j：ウ

第 4 章

4.1 （1）$X = \overline{A}\,\overline{B}C + \overline{A}B\overline{C} + \overline{A}BC + AB\overline{C}$
（2）$X = (A + B + C)(\overline{A} + B + C)(\overline{A} + B + \overline{C})(\overline{A} + \overline{B} + \overline{C})$
（3）解図 4.1
（4）解図 4.2
4.2 解表 4.1
4.3 解図 4.3
4.4 $X = ABC + AB\overline{C} + \overline{A}BC$, 解表 4.2
4.5 解図 4.4
4.6 解図 4.5

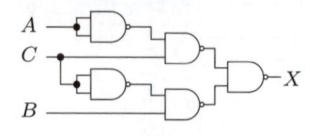

解図 4.1

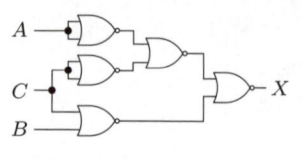

解図 4.2

解表 4.1

I_1	I_0	X
0	0	REG
0	1	CLK
1	0	1
1	1	MEM

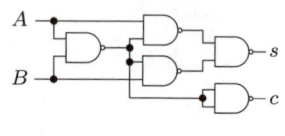

解図 4.3

解表 4.2

入力			出力
A	B	C	X
0	0	0	0
0	0	1	0
0	1	0	0
0	1	1	1
1	0	0	0
1	0	1	0
1	1	0	0
1	1	1	1

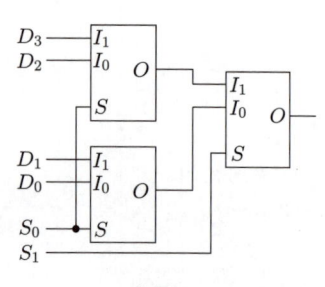

解図 4.4

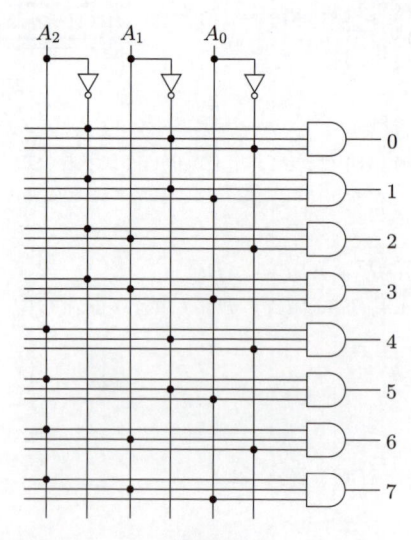

解図 4.5

第5章

5.1 解図 5.1

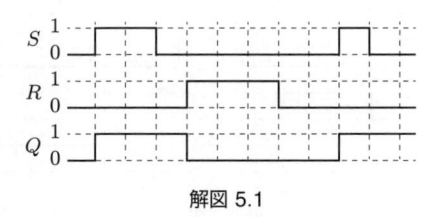

解図 5.1

5.2 解図 5.2

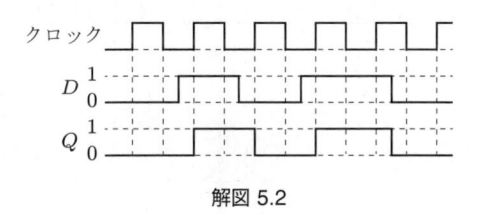

解図 5.2

5.3 解図 5.3

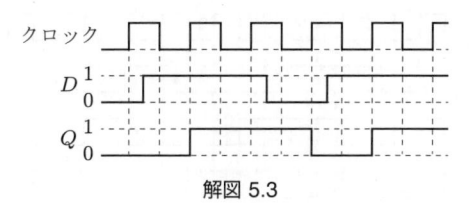

解図 5.3

5.4 解図 5.4

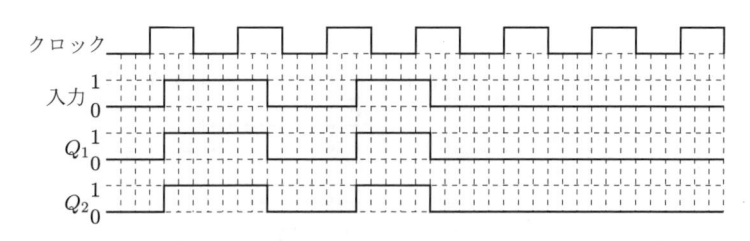

解図 5.4

5.5　解図 5.5

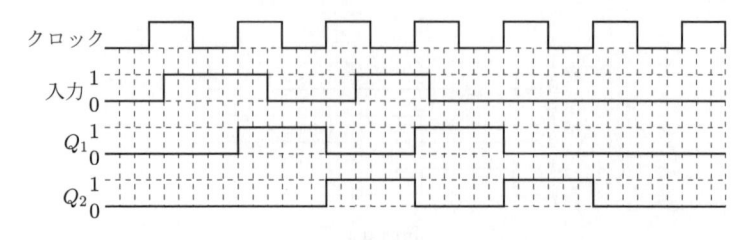

解図 5.5

5.6　解図 5.6

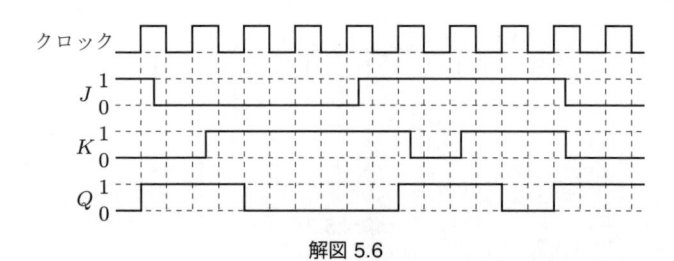

解図 5.6

5.7　解図 5.7

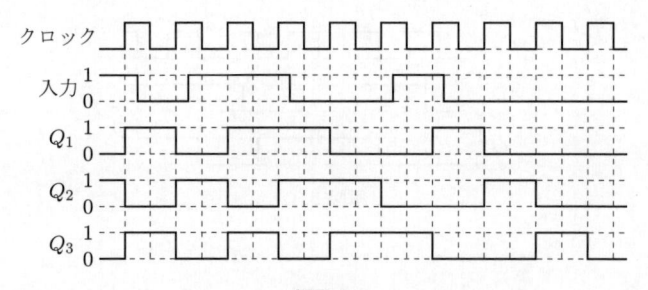

解図 5.7

5.8　解図 5.8

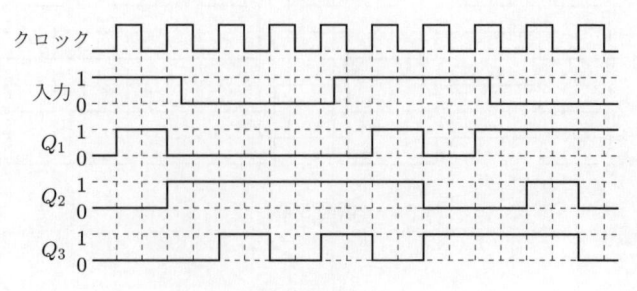

解図 5.8

5.9　解図 5.9

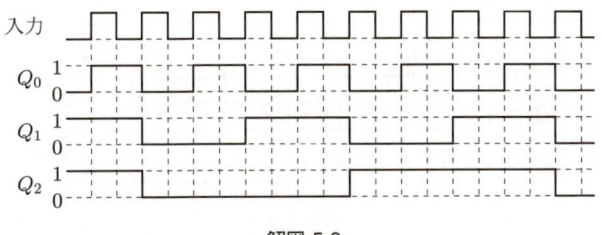

解図 5.9

第6章

6.1　(1) 解表 6.1
(2) ① パルスの入力　② 立ち上る　③ 立ち上る．入力，Q_0，Q_1．
(3) 解図 6.1　(4) 解図 6.2

解表 6.1

入力	Q_2	Q_1	Q_0
初期状態	1	1	1
パルス 1	1	1	0
2	1	0	1
3	1	0	0
4	0	1	1
5	0	1	0
6	0	0	1
7	0	0	0
8	1	1	1
9	1	1	0

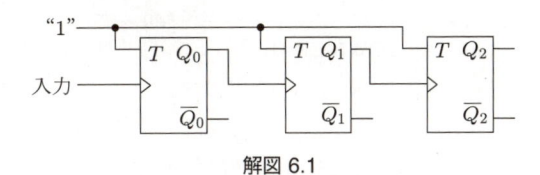

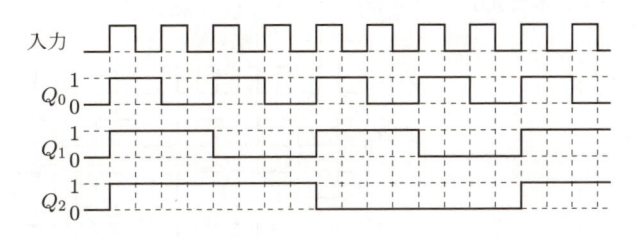

解図 6.1

解図 6.2

6.2　解図 6.3，解図 6.4

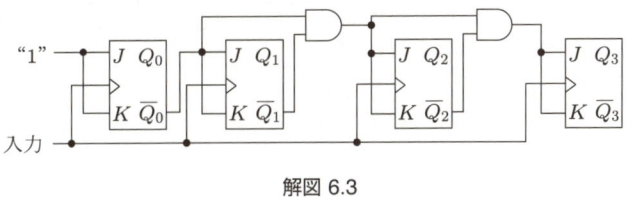

解図 6.3

134 ・・・ 演習問題解答

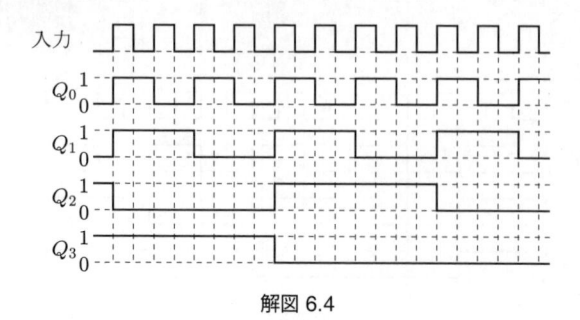

解図 6.4

6.3 解図 6.5

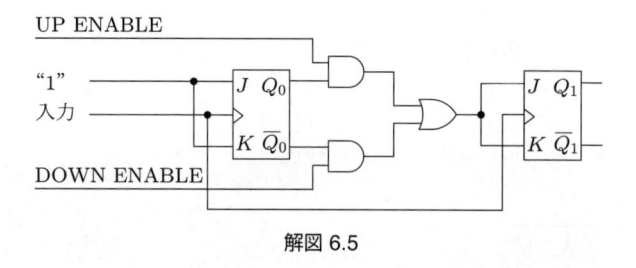

解図 6.5

6.4 解図 6.6

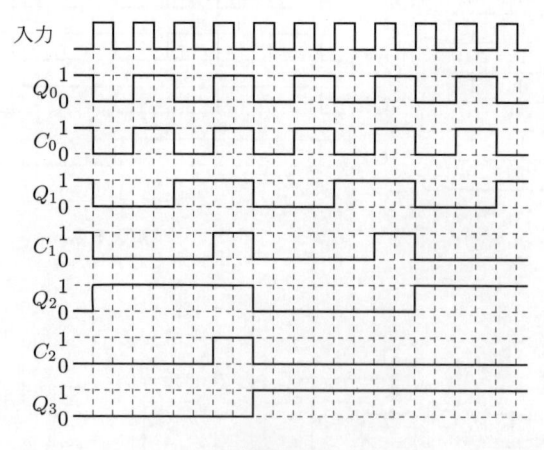

解図 6.6

6.5 （1）解図 6.7

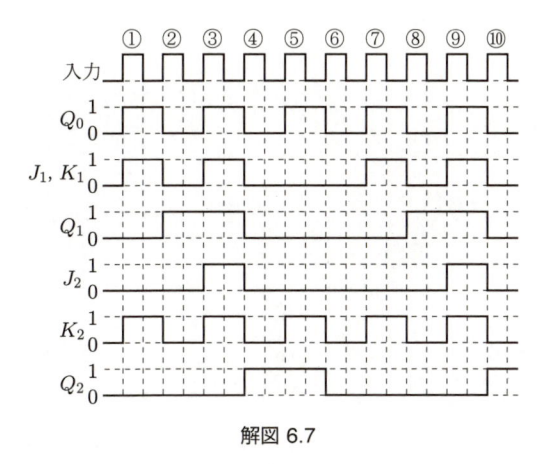

解図 6.7

（2）解表 6.2

解表 6.2

入力	Q_2	Q_1	Q_0	入力	Q_2	Q_1	Q_0
初期状態	0	0	0	パルス ⑤	1	0	1
パルス ①	0	0	1	パルス ⑥	0	0	0
パルス ②	0	1	0	パルス ⑦	0	0	1
パルス ③	0	1	1	パルス ⑧	0	1	0
パルス ④	1	0	0	パルス ⑨	0	1	1

（3）6，アップ

参考図書

(1) Thomas C. Bartee;"Digital Computer Fundamentals Third Edition", McGraw-Hill Book Company, 1972.
(2) ヘネシー&パターソン（富田眞治，村上和彰，新實治男　訳）；「コンピュータ・アーキテクチャ ─ 設計・実現・評価の定量的アプローチ ─」，日経 BP 社，1992.
(3) パターソン&ヘネシー（成田光彰　訳）；「コンピュータの構成と設計」（第 4 版）上・下，日経 BP 社，2011.
(4) 速水治夫（編著），西村広光（著）；「解答力を高める 基本情報技術者試験の解法」，コロナ社，2012.

索 引

英数先頭

1 の補数　13
2 out of 5 コード　35
2 進数　1, 3
2 値関数　44
2 値素子　1
2 値変数　44
2 の補数　12, 13
2 の補数表現　11
3 ステートゲート　84
3 増しコード　32
8 進数　6
10 進数　1, 2
10 の補数　12
16 進数　8
2421 コード　32

AND　42
ASCII　29, 32
BCD　31
D ラッチ　93
EBCDIC　32
JIS 8 単位　32
JIS 漢字　32
JK フリップフロップ　98
NAND　59
NOR　60
NOT　44
N 進カウンタ　116
OR　43
r 進数　5
SR ラッチ　89
T フリップフロップ　100
XOR　61

あ 行

アーク　118
アップカウンタ　108
アドバンス　ii
誤り検出　34
誤り検出/訂正符号　38
誤り訂正　35
アンダーフロー　23
移　動　101
インバータ　46
エッジ　96, 98
エッジトリガ　98
オーバーフロー　23

か 行

開放状態　84
回路図　47
カウンタ　107
仮数部　20
加法標準形　51
カルノー図　52
偽　42
基　数　2
奇数パリティ　34
帰無則　49
吸収則　49
偶数パリティ　34
区　画　52
組合せ回路　73
組合せ論理回路　73
位　2
位取り記数法　2
クロック信号　92
桁　2
ゲタ　15
桁上げ　76
桁移動　101
桁落ち　24
ゲタばき表現　11, 15

結合　55
結合則　49
検査ビット　34
交換則　49
恒等則　49
交番2進コード　32
公理　48
コード　29, 79
コード化　29
コードワード　29
固定小数点表現　17

さ　行

再試行　34
最小項　51
最大項　51
指数部　19
自動販売機　118
シフトレジスタ　101
主加法標準形　51
主乗法標準形　51
出力　46
順序回路　73, 107
状態遷移図　118
冗長性　34
情報落ち　23
乗法標準形　51
初期状態　107
真　42
真理値表　42, 45, 73
垂直パリティビット　35
水平垂直パリティ　36
水平パリティビット　35
スレーブ　95
正規化表現　20
積　42
節点　118
セット　89, 98
セットアップ時間　98
セレクタ　81
全加算器　77
双対性　49

た　行

タイミングチャート　92
ダウンカウンタ　108
立ち上り　98
立ち下り　98
単精度 IEEE 754 標準　21
チェック　ii
定理　49
デコーダ　79
同期式カウンタ　112, 113
同期式順序回路　107
動作遅延時間　92
ド・モルガンの定理　64
トライステートゲート　84
トライステートバッファ　84

な　行

入力　46
ノード　118

は　行

バイアス　15
バイアス表現　15
ハイインピーダンス　84
倍精度 IEEE 754 標準　22
排他的論理和　61
パック10進数　31
バッファ　83
ハミングコード　36
パリティ検査　34
パリティビット　34
パルス　92
半加算器　76
反転　98
否定　44
否定論理積　59
否定論理和　60
非同期式カウンタ　109, 111
非同期式順序回路　107
ファンアウト　47
ファンイン　47
復元則　49
符号　29

符号化　29
符号つき数値　11
符号つき絶対値表現　11
符号部　19
浮動小数点表現　17, 19
フリップフロップ　88, 95, 97
ブール代数　48
分割　57
分配則　49
並列型カウンタ　113
巾等則　49
変換誤差　24
ベン図　52
補元則　49
保持　89, 98
補数　12
ホールド時間　98

ま 行

マスタ　95
マスタスレーブ型 D フリップフロップ　95
マルチプレクサ　83
文字符号　32

や 行

矢印　118

ら 行

ラッチ　88, 97
リセット　89, 98
リトライ　38
レベルセンシティブ　97
連除法　4
連倍法　5
論理　42
論理演算　42
論理演算子　44
論理関数　44
論理ゲート　46
論理式　44
論理積　42
論理否定　42, 44
論理変数　42
論理和　42, 43

わ 行

和　43, 76

著者略歴

速水　治夫（はやみ・はるお）

- 1947年　愛知県に生まれる
- 1972年　名古屋大学大学院修了
- 1972年　日本電信電話公社（現NTT）入社
- 1998年　神奈川工科大学情報工学科教授
- 2003年　神奈川工科大学情報学部情報工学科教授
- 2004年　神奈川工科大学情報学部情報メディア学科教授
- 2007年　情報処理学会フェロー
- 2018年　神奈川工科大学名誉教授
　　　　　現在に至る
　　　　　博士（工学）

編集担当　上村紗帆（森北出版）
編集責任　石田昇司（森北出版）
組　　版　藤原印刷
印　　刷　　同
製　　本　　同

基礎から学べる論理回路（第2版）　　　ⓒ 速水治夫　2014

2002年 9月 5日　第1版第 1刷発行	【本書の無断転載を禁ず】
2013年 3月 6日　第1版第10刷発行	
2014年11月25日　第2版第 1刷発行	
2024年 8月20日　第2版第 7刷発行	

著　　者　速水治夫
発 行 者　森北博巳
発 行 所　森北出版株式会社
　　　　　東京都千代田区富士見 1-4-11（〒102-0071）
　　　　　電話 03-3265-8341 ／ FAX 03-3264-8709
　　　　　https://www.morikita.co.jp/
　　　　　日本書籍出版協会・自然科学書協会　会員
　　　　　JCOPY ＜（一社）出版者著作権管理機構 委託出版物＞

落丁・乱丁本はお取替えいたします．

Printed in Japan ／ ISBN978-4-627-82762-2